I0501888

Données personnelles/Personal data

Nom /Name:..

Prénom/first name :..

Adresse /address:...

....

Téléphone /phone:..

e-mail :..

collège/school :...

....

classe/class :...

urgence /emergency:...

....

Groupe sanguin/Blood group :...

A Quelle fraction représente la partie colorée ?

(1) 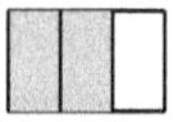 = ...

(2)  = ...

(3) 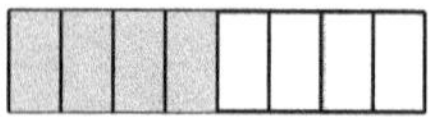 = ...

(4) 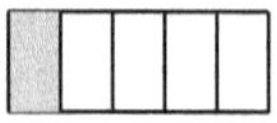 = ...

(5) 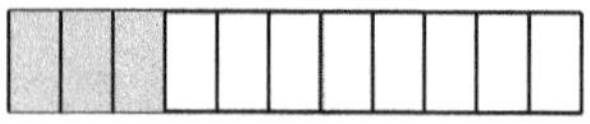 = ...

(6) 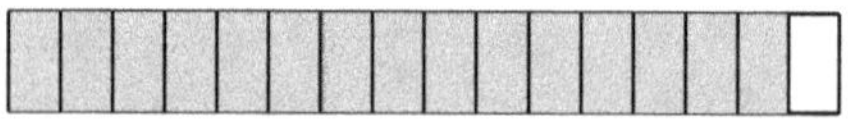 = ...

(7) 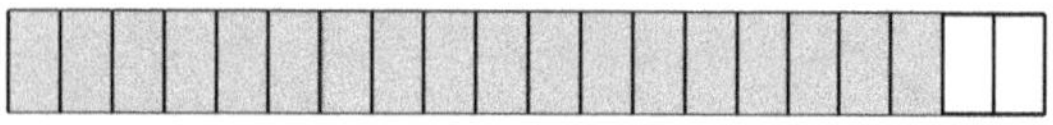 = ...

(8) 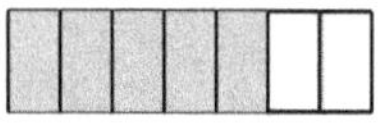 = ...

(9) 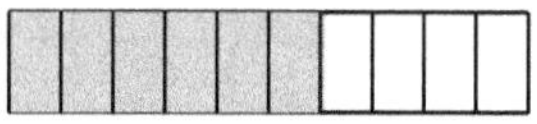 = ...

(10) 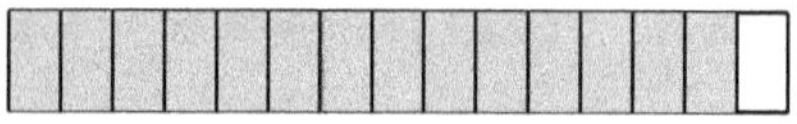 = ...

(11) 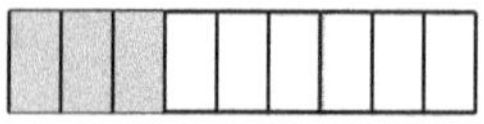 = ...

(12) 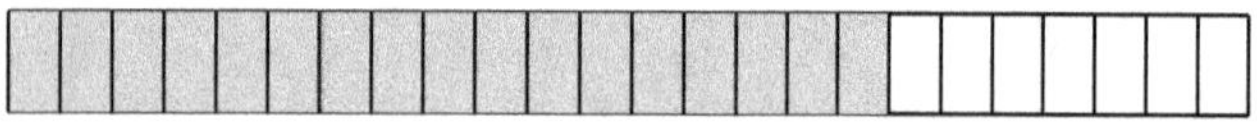 = ...

(13) 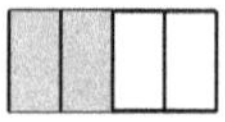 = ...

(14) 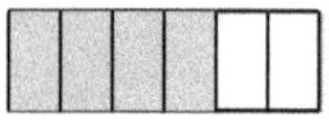 = ...

(15) 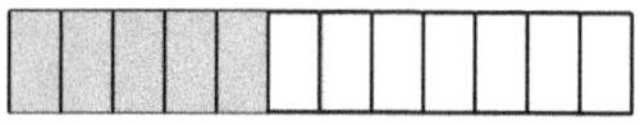 = ...

(16) 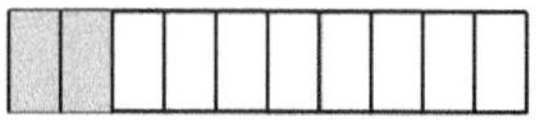 = ...

(17) 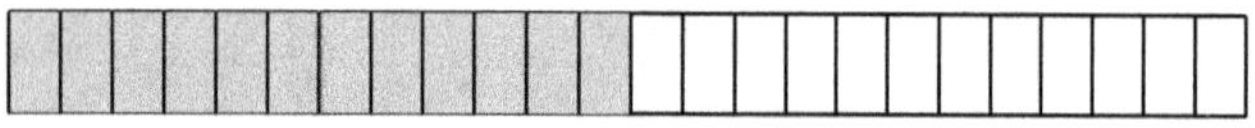 = ...

B colorie la partie qui représente la fraction donnée:

(1) $\frac{4}{5}$ =

(2) $\frac{1}{2}$ =

(3) $\frac{1}{20}$ =

(4) $\frac{4}{8}$ =

(5) $\frac{2}{3}$ =

(6) $\frac{1}{9}$ =

(7) $\frac{1}{5}$ =

(8) $\frac{4}{7}$ =

(9) $\frac{2}{10}$ =

(10) $\frac{1}{4}$ =

(11) $\frac{2}{11}$ =

(12) $\frac{5}{6}$ =

(13) $\frac{11}{16}$ =

(14) $\frac{5}{15}$ =

(15) $\frac{5}{12}$ =

(16) $\frac{17}{24}$ =

(17) $\frac{10}{16}$ =

C Quelle fraction représente la partie colorée ?

(1) 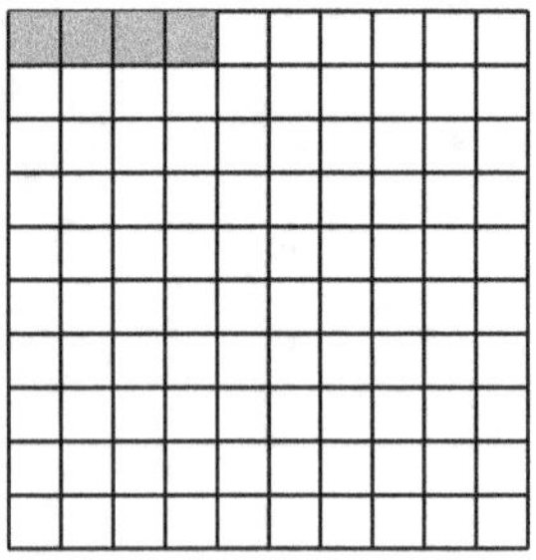 = ...

(2) 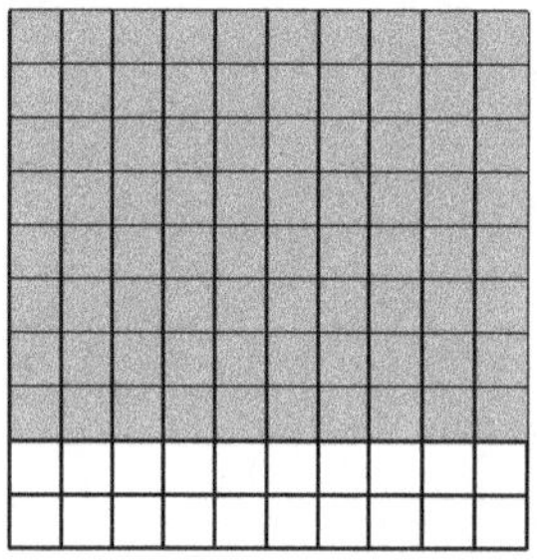 = ...

(3) 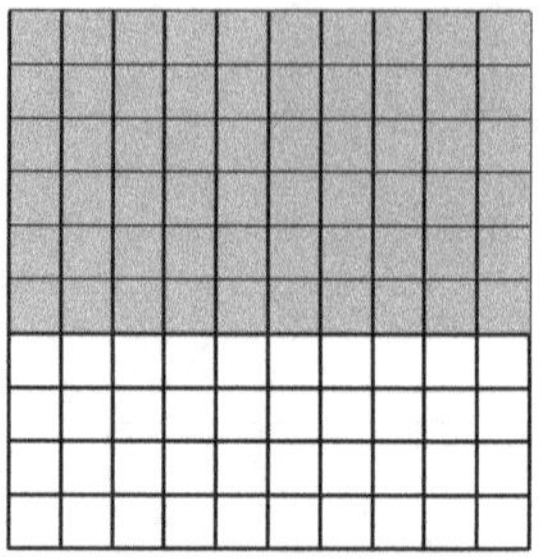 = ...

(4) 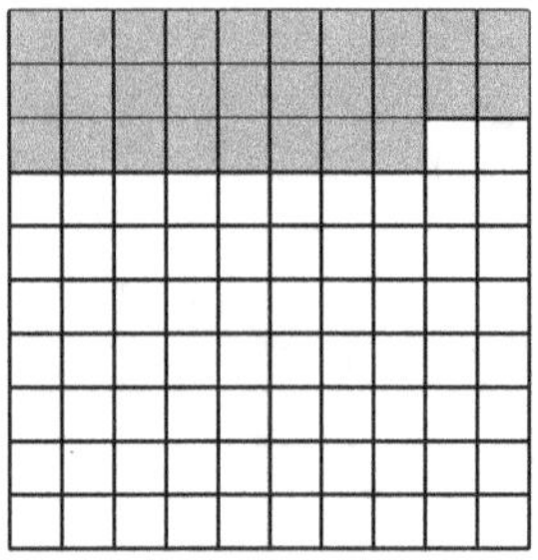 = ...

(5) 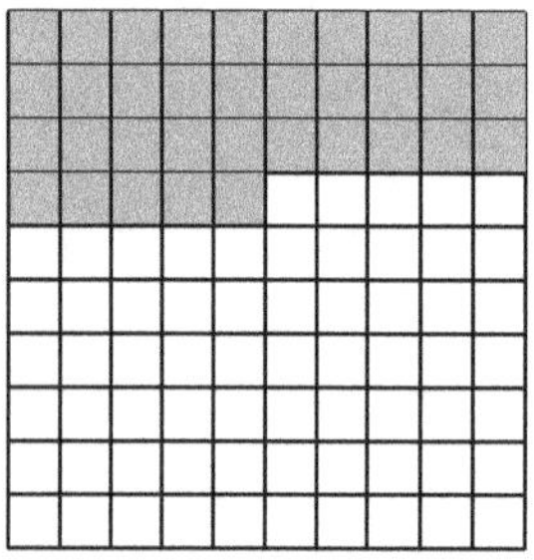 = ...

(6) 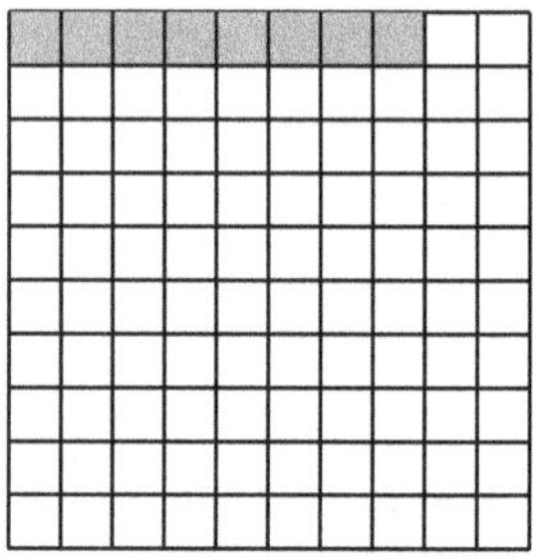 = ...

(7) 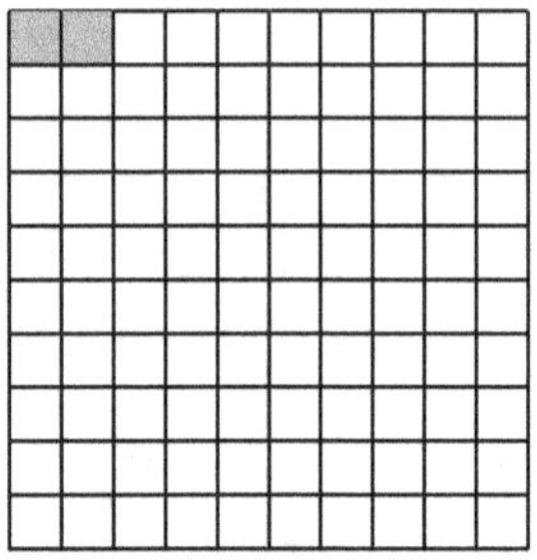 = ...

(8) 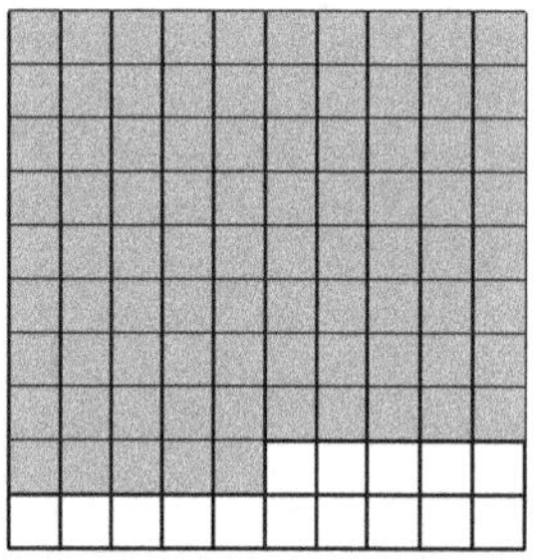 = ...

(9) 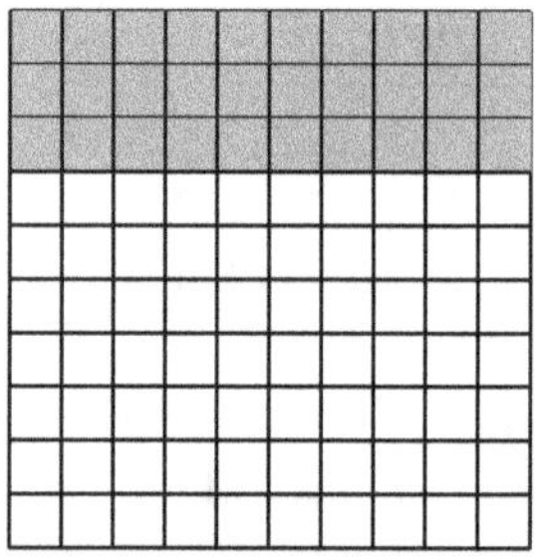 = ...

(10) 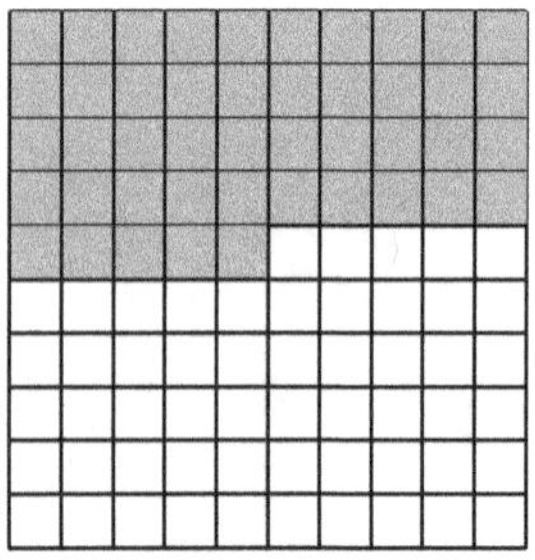 = ...

(11) 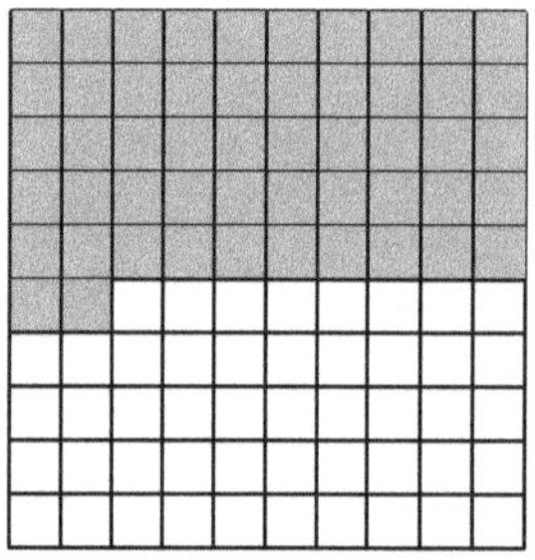 = ...

(12) 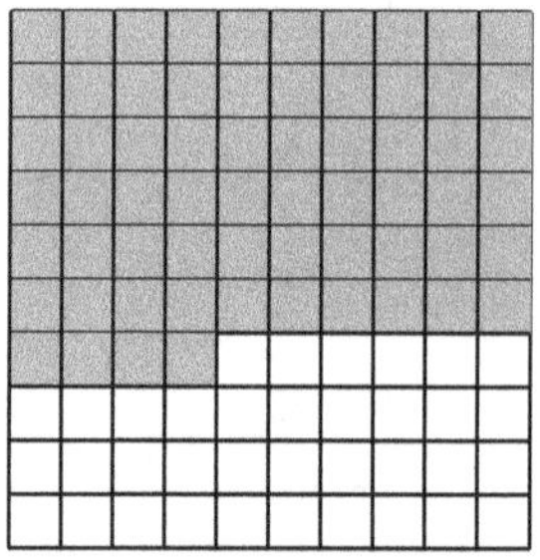 = ...

(13) 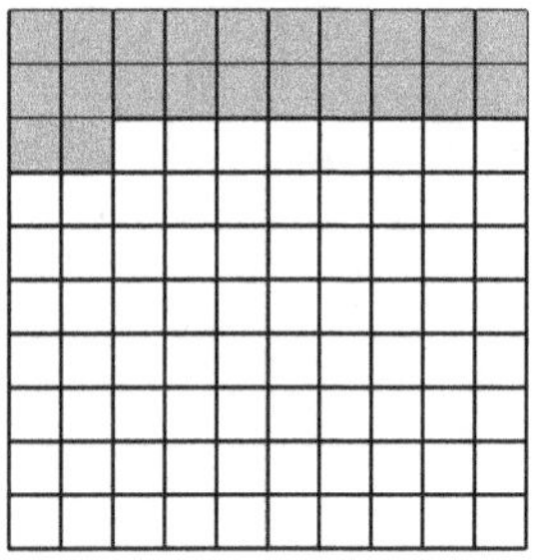 = ...

(14) 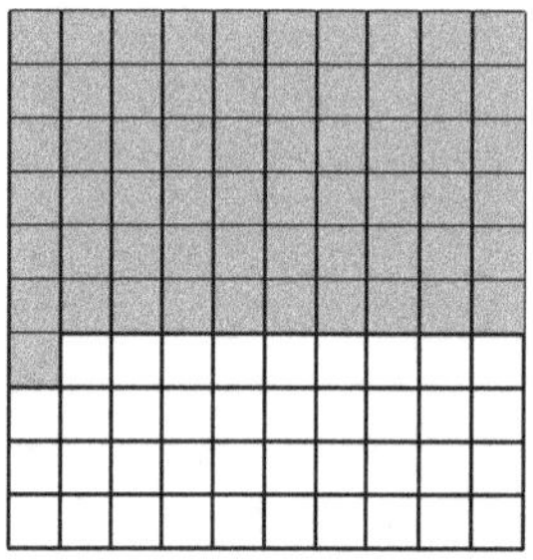 = ...

(15) 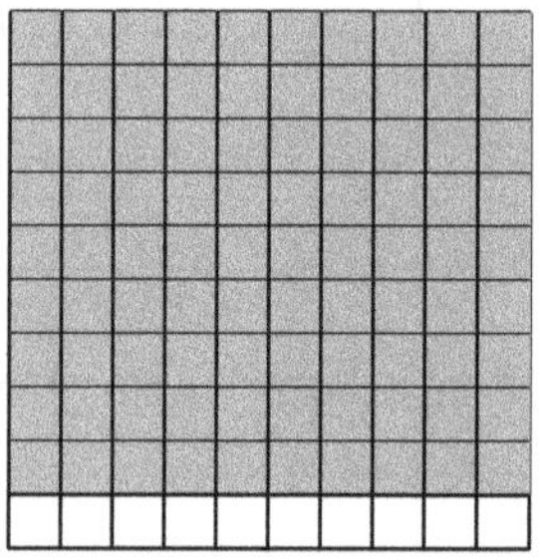 = ...

D colorie la partie qui représente la fraction donnée:

(1) 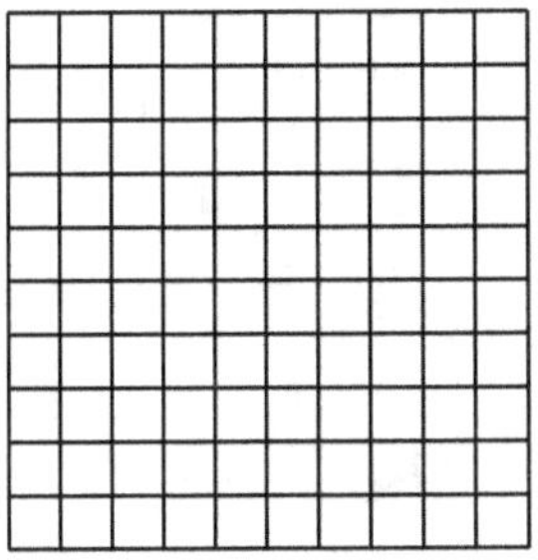 $= \frac{3}{5}$ ......

(2) 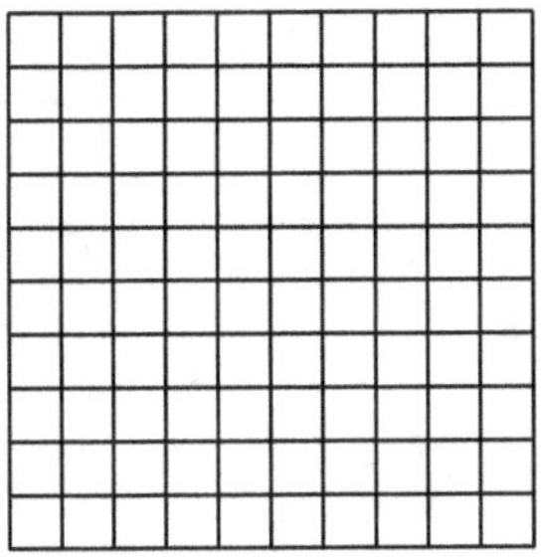 $= \frac{1}{5}$ ......

(3) 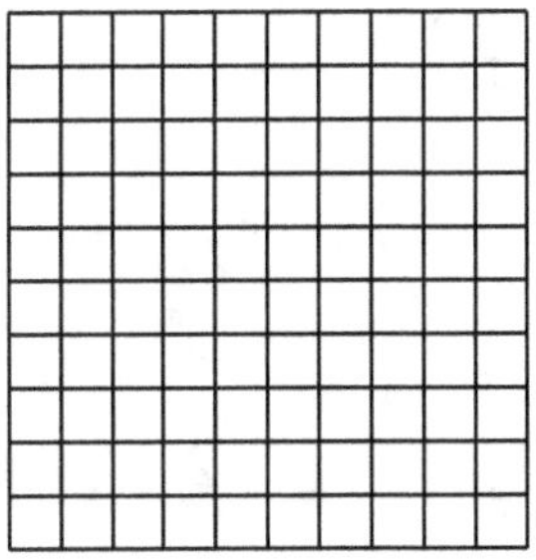 $= \frac{1}{2}$ ......

(4) 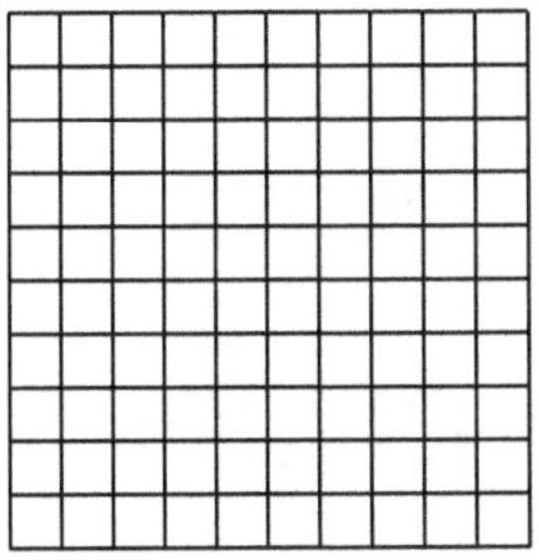 $= \frac{9}{25}$ ......

(5) 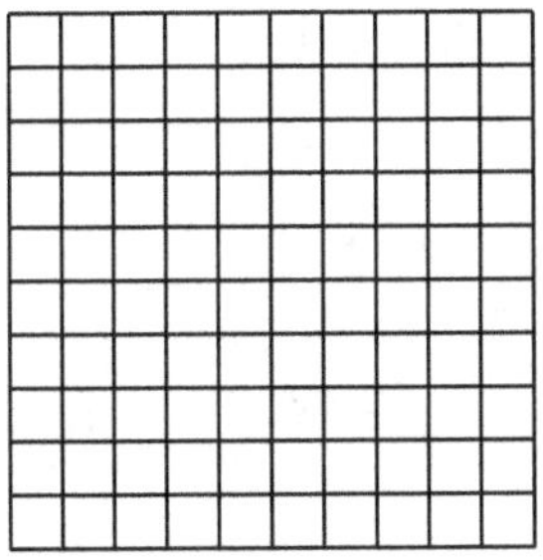 $= \frac{19}{20}$ ......

(6) 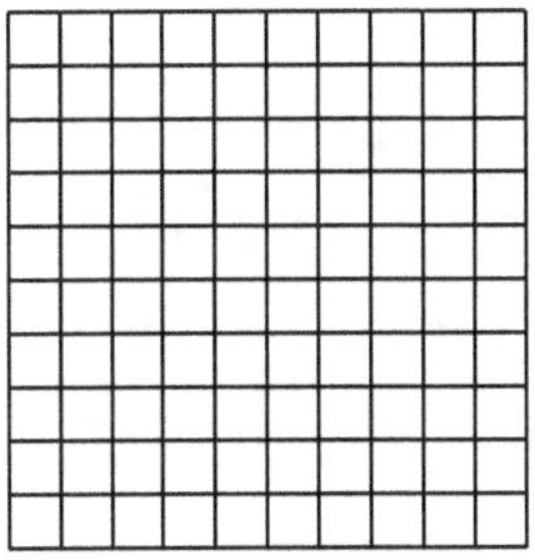 $= \frac{13}{25}$ ......

(7) 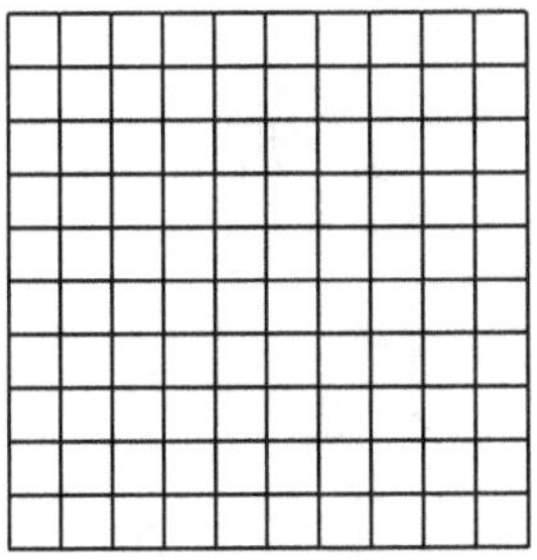 $= \frac{29}{100}$ ......

(8) 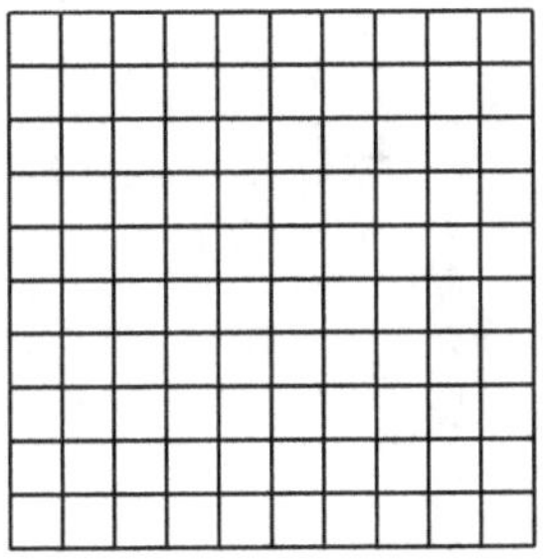 $= \frac{11}{25}$ ......

(9) 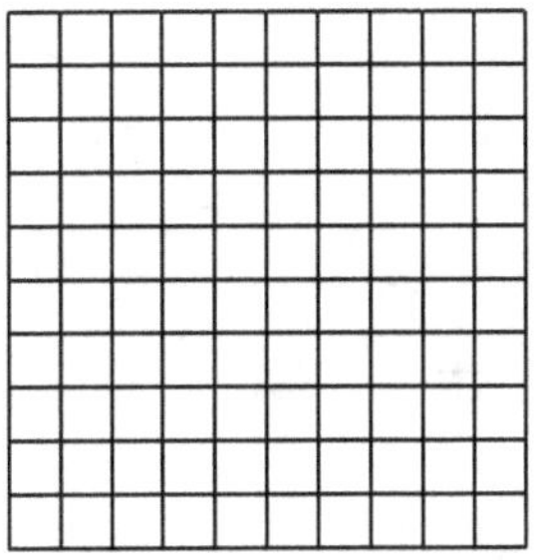 $= \frac{2}{5}$ ......

(10) 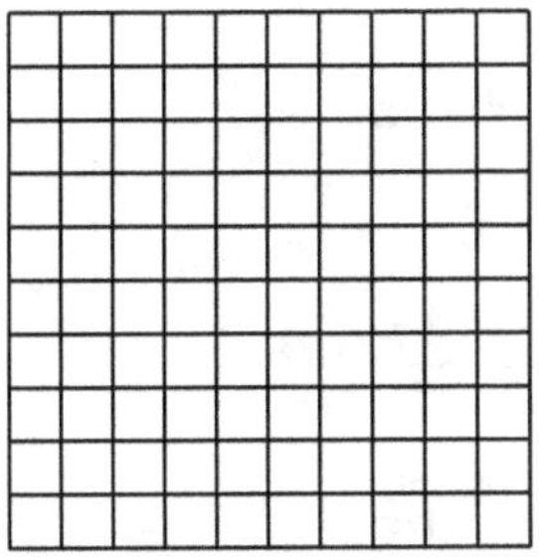 $= \frac{7}{10}$ ......

(11) 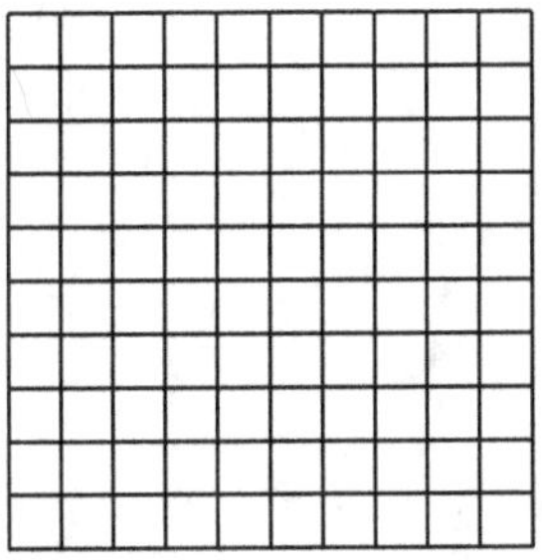 $= \frac{7}{25}$ ......

(12) 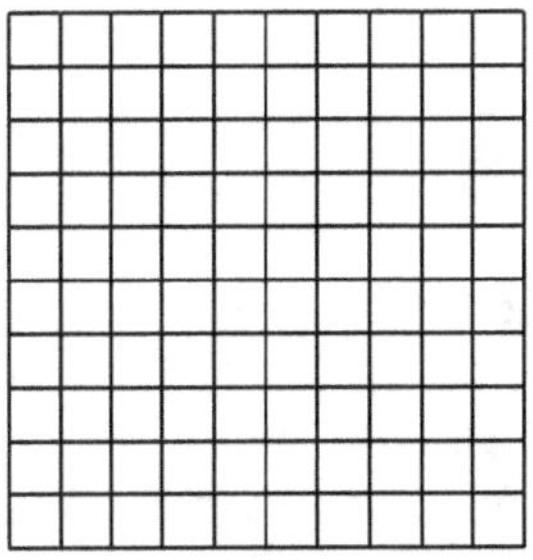 $= \frac{11}{50}$ ......

(13) 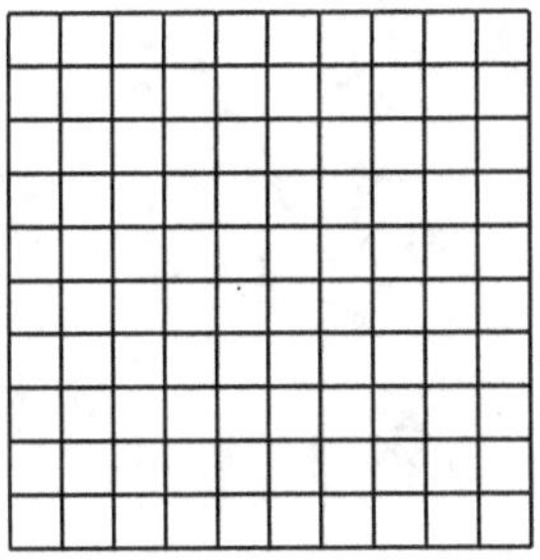 $= \frac{23}{25}$ ......

(14) 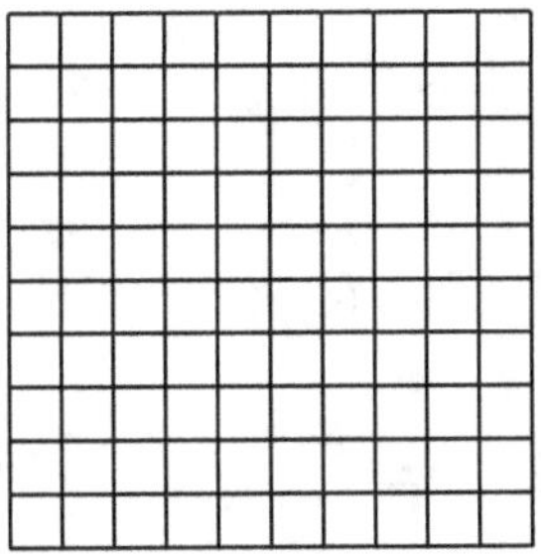 $= \frac{3}{4}$ ......

(15) 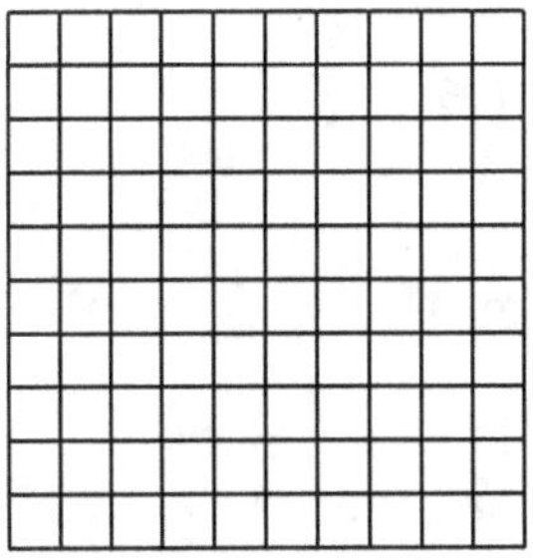 $= \frac{3}{50}$ ......

E Complète les égalités suivantes.

(1) $\frac{17}{\_\_} = \frac{34}{40}$	(2) $\frac{5}{11} = \frac{\_\_}{22}$	(3) $\frac{15}{\_\_} = \frac{105}{126}$	(4) $\frac{3}{10} = \frac{9}{\_\_}$	(5) $\frac{3}{\_\_} = \frac{30}{40}$
(6) $\frac{6}{9} = \frac{\_\_}{90}$	(7) $\frac{14}{17} = \frac{140}{\_\_}$	(8) $\frac{6}{\_\_} = \frac{12}{16}$	(9) $\frac{1}{7} = \frac{7}{\_\_}$	(10) $\frac{15}{20} = \frac{\_\_}{140}$
(11) $\frac{1}{2} = \frac{\_\_}{16}$	(12) $\frac{\_\_}{5} = \frac{2}{10}$	(13) $\frac{11}{15} = \frac{77}{\_\_}$	(14) $\frac{8}{13} = \frac{80}{\_\_}$	(15) $\frac{2}{\_\_} = \frac{20}{30}$
(16) $\frac{7}{\_\_} = \frac{14}{28}$	(17) $\frac{2}{\_\_} = \frac{20}{160}$	(18) $\frac{\_\_}{12} = \frac{16}{24}$	(19) $\frac{3}{\_\_} = \frac{30}{60}$	(20) $\frac{\_\_}{7} = \frac{18}{21}$
(21) $\frac{1}{10} = \frac{\_\_}{30}$	(22) $\frac{2}{\_\_} = \frac{10}{20}$	(23) $\frac{2}{3} = \frac{8}{\_\_}$	(24) $\frac{\_\_}{8} = \frac{50}{80}$	(25) $\frac{8}{\_\_} = \frac{48}{78}$
(26) $\frac{9}{14} = \frac{72}{\_\_}$	(27) $\frac{\_\_}{5} = \frac{6}{10}$	(28) $\frac{14}{20} = \frac{84}{\_\_}$	(29) $\frac{\_\_}{16} = \frac{4}{64}$	(30) $\frac{1}{2} = \frac{\_\_}{14}$
(31) $\frac{13}{\_\_} = \frac{130}{170}$	(32) $\frac{4}{\_\_} = \frac{8}{24}$	(33) $\frac{5}{11} = \frac{30}{\_\_}$	(34) $\frac{2}{\_\_} = \frac{16}{48}$	(35) $\frac{8}{18} = \frac{\_\_}{72}$
(36) $\frac{5}{9} = \frac{\_\_}{90}$	(37) $\frac{6}{\_\_} = \frac{18}{45}$	(38) $\frac{8}{\_\_} = \frac{32}{68}$	(39) $\frac{11}{\_\_} = \frac{88}{96}$	(40) $\frac{8}{\_\_} = \frac{72}{135}$
(41) $\frac{19}{20} = \frac{\_\_}{140}$	(42) $\frac{3}{\_\_} = \frac{21}{35}$	(43) $\frac{2}{14} = \frac{\_\_}{126}$	(44) $\frac{4}{7} = \frac{8}{\_\_}$	(45) $\frac{7}{9} = \frac{\_\_}{27}$
(46) $\frac{2}{6} = \frac{8}{\_\_}$	(47) $\frac{4}{\_\_} = \frac{12}{48}$	(48) $\frac{1}{\_\_} = \frac{6}{60}$	(49) $\frac{7}{11} = \frac{63}{\_\_}$	(50) $\frac{2}{4} = \frac{14}{\_\_}$
(51) $\frac{\_\_}{3} = \frac{6}{18}$	(52) $\frac{1}{2} = \frac{6}{\_\_}$	(53) $\frac{4}{\_\_} = \frac{8}{16}$	(54) $\frac{6}{18} = \frac{12}{\_\_}$	(55) $\frac{1}{13} = \frac{\_\_}{130}$
(56) $\frac{1}{3} = \frac{7}{\_\_}$	(57) $\frac{6}{\_\_} = \frac{54}{90}$	(58) $\frac{3}{14} = \frac{24}{\_\_}$	(59) $\frac{5}{\_\_} = \frac{15}{45}$	(60) $\frac{1}{8} = \frac{10}{\_\_}$
(61) $\frac{1}{\_\_} = \frac{5}{20}$	(62) $\frac{12}{\_\_} = \frac{96}{136}$	(63) $\frac{1}{9} = \frac{2}{\_\_}$	(64) $\frac{5}{6} = \frac{\_\_}{42}$	(65) $\frac{10}{12} = \frac{\_\_}{84}$
(66) $\frac{10}{18} = \frac{\_\_}{108}$	(67) $\frac{7}{16} = \frac{\_\_}{144}$	(68) $\frac{\_\_}{20} = \frac{24}{160}$	(69) $\frac{4}{\_\_} = \frac{40}{130}$	(70) $\frac{2}{11} = \frac{\_\_}{99}$
(71) $\frac{5}{\_\_} = \frac{20}{28}$	(72) $\frac{5}{6} = \frac{\_\_}{18}$	(73) $\frac{\_\_}{9} = \frac{56}{63}$	(74) $\frac{2}{5} = \frac{\_\_}{30}$	(75) $\frac{\_\_}{8} = \frac{24}{48}$
(76) $\frac{5}{16} = \frac{\_\_}{48}$	(77) $\frac{\_\_}{15} = \frac{88}{120}$	(78) $\frac{1}{3} = \frac{3}{\_\_}$	(79) $\frac{\_\_}{17} = \frac{42}{102}$	(80) $\frac{\_\_}{12} = \frac{42}{72}$
(81) $\frac{1}{7} = \frac{\_\_}{56}$	(82) $\frac{2}{4} = \frac{16}{\_\_}$	(83) $\frac{13}{\_\_} = \frac{39}{54}$	(84) $\frac{6}{14} = \frac{36}{\_\_}$	(85) $\frac{\_\_}{11} = \frac{100}{110}$

F Complète les égalités suivantes.

(1) $\frac{12}{16} = \frac{\quad}{32} = \frac{\quad}{144}$	(2) $\frac{3}{11} = \frac{30}{\quad} = \frac{\quad}{22}$	(3) $\frac{7}{8} = \frac{\quad}{16} = \frac{\quad}{72}$	(4) $\frac{1}{7} = \frac{\quad}{56} = \frac{3}{\quad}$
(5) $\frac{12}{15} = \frac{120}{\quad} = \frac{\quad}{90}$	(6) $\frac{1}{3} = \frac{8}{\quad} = \frac{\quad}{15}$	(7) $\frac{19}{20} = \frac{\quad}{120} = \frac{57}{\quad}$	(8) $\frac{3}{18} = \frac{\quad}{36} = \frac{15}{\quad}$
(9) $\frac{6}{12} = \frac{\quad}{60} = \frac{\quad}{72}$	(10) $\frac{1}{10} = \frac{10}{\quad} = \frac{\quad}{60}$	(11) $\frac{1}{4} = \frac{\quad}{12} = \frac{\quad}{8}$	(12) $\frac{5}{6} = \frac{\quad}{42} = \frac{10}{\quad}$
(13) $\frac{1}{2} = \frac{\quad}{4} = \frac{5}{\quad}$	(14) $\frac{1}{11} = \frac{6}{\quad} = \frac{3}{\quad}$	(15) $\frac{2}{9} = \frac{16}{\quad} = \frac{6}{\quad}$	(16) $\frac{7}{14} = \frac{\quad}{126} = \frac{56}{\quad}$
(17) $\frac{9}{13} = \frac{36}{\quad} = \frac{\quad}{117}$	(18) $\frac{2}{7} = \frac{\quad}{21} = \frac{\quad}{14}$	(19) $\frac{7}{8} = \frac{\quad}{24} = \frac{14}{\quad}$	(20) $\frac{12}{17} = \frac{\quad}{51} = \frac{\quad}{170}$
(21) $\frac{4}{5} = \frac{32}{\quad} = \frac{12}{\quad}$	(22) $\frac{8}{16} = \frac{\quad}{32} = \frac{24}{\quad}$	(23) $\frac{1}{11} = \frac{10}{\quad} = \frac{8}{\quad}$	(24) $\frac{19}{20} = \frac{\quad}{180} = \frac{\quad}{40}$
(25) $\frac{3}{6} = \frac{\quad}{60} = \frac{\quad}{54}$	(26) $\frac{7}{10} = \frac{\quad}{50} = \frac{\quad}{100}$	(27) $\frac{1}{2} = \frac{10}{\quad} = \frac{\quad}{18}$	(28) $\frac{2}{5} = \frac{\quad}{25} = \frac{\quad}{40}$
(29) $\frac{2}{3} = \frac{\quad}{27} = \frac{16}{\quad}$	(30) $\frac{9}{14} = \frac{\quad}{84} = \frac{72}{\quad}$	(31) $\frac{11}{13} = \frac{\quad}{117} = \frac{\quad}{39}$	(32) $\frac{5}{7} = \frac{\quad}{21} = \frac{\quad}{35}$
(33) $\frac{10}{15} = \frac{\quad}{135} = \frac{\quad}{90}$	(34) $\frac{5}{17} = \frac{\quad}{34} = \frac{\quad}{51}$	(35) $\frac{3}{9} = \frac{\quad}{36} = \frac{\quad}{81}$	(36) $\frac{1}{18} = \frac{\quad}{180} = \frac{\quad}{36}$
(37) $\frac{1}{16} = \frac{10}{\quad} = \frac{3}{\quad}$	(38) $\frac{3}{4} = \frac{\quad}{28} = \frac{\quad}{16}$	(39) $\frac{2}{12} = \frac{4}{\quad} = \frac{\quad}{60}$	(40) $\frac{6}{8} = \frac{\quad}{80} = \frac{\quad}{56}$
(41) $\frac{8}{13} = \frac{\quad}{65} = \frac{16}{\quad}$	(42) $\frac{1}{2} = \frac{\quad}{18} = \frac{\quad}{8}$	(43) $\frac{1}{6} = \frac{\quad}{18} = \frac{4}{\quad}$	(44) $\frac{3}{4} = \frac{24}{\quad} = \frac{15}{\quad}$
(45) $\frac{1}{3} = \frac{\quad}{9} = \frac{2}{\quad}$	(46) $\frac{11}{16} = \frac{44}{\quad} = \frac{77}{\quad}$	(47) $\frac{7}{10} = \frac{28}{\quad} = \frac{70}{\quad}$	(48) $\frac{10}{18} = \frac{80}{\quad} = \frac{\quad}{90}$
(49) $\frac{3}{7} = \frac{30}{\quad} = \frac{15}{\quad}$	(50) $\frac{1}{12} = \frac{2}{\quad} = \frac{8}{\quad}$	(51) $\frac{5}{14} = \frac{\quad}{84} = \frac{\quad}{140}$	(52) $\frac{10}{11} = \frac{90}{\quad} = \frac{100}{\quad}$
(53) $\frac{5}{8} = \frac{\quad}{24} = \frac{\quad}{16}$	(54) $\frac{7}{9} = \frac{42}{\quad} = \frac{\quad}{63}$	(55) $\frac{1}{15} = \frac{2}{\quad} = \frac{6}{\quad}$	(56) $\frac{2}{5} = \frac{6}{\quad} = \frac{10}{\quad}$
(57) $\frac{3}{17} = \frac{9}{\quad} = \frac{15}{\quad}$	(58) $\frac{1}{20} = \frac{\quad}{200} = \frac{\quad}{80}$	(59) $\frac{5}{9} = \frac{\quad}{63} = \frac{45}{\quad}$	(60) $\frac{1}{14} = \frac{\quad}{98} = \frac{\quad}{28}$
(61) $\frac{10}{15} = \frac{\quad}{60} = \frac{\quad}{90}$	(62) $\frac{11}{20} = \frac{44}{\quad} = \frac{\quad}{180}$	(63) $\frac{3}{7} = \frac{\quad}{56} = \frac{\quad}{21}$	(64) $\frac{5}{6} = \frac{50}{\quad} = \frac{\quad}{42}$
(65) $\frac{2}{8} = \frac{14}{\quad} = \frac{\quad}{48}$	(66) $\frac{6}{13} = \frac{42}{\quad} = \frac{48}{\quad}$	(67) $\frac{6}{16} = \frac{42}{\quad} = \frac{24}{\quad}$	(68) $\frac{1}{4} = \frac{\quad}{16} = \frac{\quad}{20}$

G Complète les égalités suivantes.

1. $\frac{7}{8} = \frac{63}{\_\_} = \frac{\_\_}{48} = \frac{\_\_}{72}$
2. $\frac{9}{11} = \frac{54}{\_\_} = \frac{63}{\_\_} = \frac{72}{\_\_}$
3. $\frac{5}{20} = \frac{\_\_}{200} = \frac{\_\_}{80} = \frac{\_\_}{140}$
4. $\frac{2}{5} = \frac{6}{\_\_} = \frac{\_\_}{45} = \frac{20}{\_\_}$
5. $\frac{3}{4} = \frac{12}{\_\_} = \frac{\_\_}{40} = \frac{\_\_}{28}$
6. $\frac{36}{50} = \frac{180}{\_\_} = \frac{\_\_}{500} = \frac{324}{\_\_}$
7. $\frac{5}{7} = \frac{45}{\_\_} = \frac{25}{\_\_} = \frac{35}{\_\_}$
8. $\frac{2}{3} = \frac{6}{\_\_} = \frac{10}{\_\_} = \frac{\_\_}{24}$
9. $\frac{19}{21} = \frac{\_\_}{42} = \frac{171}{\_\_} = \frac{\_\_}{63}$
10. $\frac{3}{17} = \frac{27}{\_\_} = \frac{\_\_}{68} = \frac{\_\_}{102}$
11. $\frac{10}{13} = \frac{90}{\_\_} = \frac{\_\_}{78} = \frac{\_\_}{52}$
12. $\frac{16}{60} = \frac{64}{\_\_} = \frac{160}{\_\_} = \frac{\_\_}{480}$
13. $\frac{30}{40} = \frac{\_\_}{360} = \frac{\_\_}{160} = \frac{\_\_}{360}$
14. $\frac{9}{18} = \frac{18}{\_\_} = \frac{\_\_}{144} = \frac{\_\_}{162}$
15. $\frac{18}{24} = \frac{126}{\_\_} = \frac{\_\_}{96} = \frac{36}{\_\_}$
16. $\frac{7}{10} = \frac{70}{\_\_} = \frac{63}{\_\_} = \frac{\_\_}{100}$
17. $\frac{9}{12} = \frac{54}{\_\_} = \frac{18}{\_\_} = \frac{\_\_}{84}$
18. $\frac{57}{100} = \frac{\_\_}{300} = \frac{456}{\_\_} = \frac{114}{\_\_}$
19. $\frac{4}{6} = \frac{\_\_}{18} = \frac{\_\_}{36} = \frac{36}{\_\_}$
20. $\frac{32}{60} = \frac{\_\_}{420} = \frac{64}{\_\_} = \frac{\_\_}{180}$
21. $\frac{4}{5} = \frac{\_\_}{20} = \frac{32}{\_\_} = \frac{8}{\_\_}$
22. $\frac{6}{21} = \frac{\_\_}{42} = \frac{42}{\_\_} = \frac{\_\_}{168}$
23. $\frac{1}{16} = \frac{\_\_}{48} = \frac{2}{\_\_} = \frac{\_\_}{96}$
24. $\frac{11}{15} = \frac{\_\_}{90} = \frac{\_\_}{30} = \frac{88}{\_\_}$
25. $\frac{31}{40} = \frac{\_\_}{360} = \frac{\_\_}{200} = \frac{\_\_}{240}$
26. $\frac{2}{3} = \frac{\_\_}{6} = \frac{18}{\_\_} = \frac{10}{\_\_}$
27. $\frac{4}{6} = \frac{\_\_}{36} = \frac{\_\_}{30} = \frac{32}{\_\_}$
28. $\frac{3}{8} = \frac{\_\_}{24} = \frac{\_\_}{72} = \frac{18}{\_\_}$
29. $\frac{14}{20} = \frac{70}{\_\_} = \frac{140}{\_\_} = \frac{\_\_}{160}$
30. $\frac{15}{22} = \frac{120}{\_\_} = \frac{150}{\_\_} = \frac{75}{\_\_}$
31. $\frac{13}{18} = \frac{\_\_}{108} = \frac{\_\_}{180} = \frac{52}{\_\_}$
32. $\frac{4}{14} = \frac{\_\_}{28} = \frac{20}{\_\_} = \frac{12}{\_\_}$
33. $\frac{1}{9} = \frac{\_\_}{81} = \frac{5}{\_\_} = \frac{\_\_}{63}$
34. $\frac{4}{7} = \frac{8}{\_\_} = \frac{28}{\_\_} = \frac{32}{\_\_}$
35. $\frac{4}{10} = \frac{20}{\_\_} = \frac{\_\_}{40} = \frac{8}{\_\_}$
36. $\frac{44}{50} = \frac{\_\_}{200} = \frac{264}{\_\_} = \frac{132}{\_\_}$
37. $\frac{18}{30} = \frac{\_\_}{240} = \frac{162}{\_\_} = \frac{\_\_}{300}$
38. $\frac{13}{17} = \frac{\_\_}{34} = \frac{130}{\_\_} = \frac{\_\_}{153}$
39. $\frac{39}{100} = \frac{\_\_}{900} = \frac{117}{\_\_} = \frac{\_\_}{900}$
40. $\frac{22}{25} = \frac{\_\_}{50} = \frac{\_\_}{225} = \frac{176}{\_\_}$
41. $\frac{3}{4} = \frac{21}{\_\_} = \frac{9}{\_\_} = \frac{\_\_}{16}$
42. $\frac{1}{2} = \frac{4}{\_\_} = \frac{\_\_}{12} = \frac{\_\_}{8}$
43. $\frac{16}{24} = \frac{\_\_}{48} = \frac{\_\_}{144} = \frac{\_\_}{72}$
44. $\frac{11}{12} = \frac{88}{\_\_} = \frac{\_\_}{120} = \frac{\_\_}{108}$
45. $\frac{49}{75} = \frac{\_\_}{525} = \frac{294}{\_\_} = \frac{196}{\_\_}$
46. $\frac{4}{13} = \frac{\_\_}{52} = \frac{32}{\_\_} = \frac{12}{\_\_}$
47. $\frac{6}{11} = \frac{\_\_}{77} = \frac{24}{\_\_} = \frac{\_\_}{66}$
48. $\frac{9}{50} = \frac{63}{\_\_} = \frac{\_\_}{500} = \frac{45}{\_\_}$
49. $\frac{5}{8} = \frac{15}{\_\_} = \frac{30}{\_\_} = \frac{\_\_}{16}$
50. $\frac{1}{2} = \frac{\_\_}{20} = \frac{5}{\_\_} = \frac{\_\_}{16}$
51. $\frac{4}{9} = \frac{\_\_}{36} = \frac{\_\_}{18} = \frac{\_\_}{54}$

52. $\frac{2}{7} = \frac{\quad}{14} = \frac{20}{\quad} = \frac{14}{\quad}$

53. $\frac{14}{25} = \frac{\quad}{50} = \frac{84}{\quad} = \frac{\quad}{175}$

54. $\frac{2}{30} = \frac{\quad}{180} = \frac{\quad}{300} = \frac{\quad}{60}$

55. $\frac{14}{21} = \frac{\quad}{105} = \frac{56}{\quad} = \frac{140}{\quad}$

56. $\frac{12}{18} = \frac{72}{\quad} = \frac{\quad}{90} = \frac{\quad}{126}$

57. $\frac{31}{40} = \frac{93}{\quad} = \frac{\quad}{160} = \frac{310}{\quad}$

58. $\frac{3}{5} = \frac{27}{\quad} = \frac{24}{\quad} = \frac{18}{\quad}$

59. $\frac{6}{12} = \frac{54}{\quad} = \frac{\quad}{120} = \frac{\quad}{36}$

60. $\frac{1}{4} = \frac{8}{\quad} = \frac{7}{\quad} = \frac{\quad}{8}$

61. $\frac{3}{22} = \frac{12}{\quad} = \frac{\quad}{132} = \frac{30}{\quad}$

62. $\frac{1}{3} = \frac{\quad}{15} = \frac{\quad}{12} = \frac{8}{\quad}$

63. $\frac{1}{15} = \frac{7}{\quad} = \frac{8}{\quad} = \frac{\quad}{150}$

64. $\frac{19}{75} = \frac{171}{\quad} = \frac{76}{\quad} = \frac{133}{\quad}$

65. $\frac{10}{24} = \frac{60}{\quad} = \frac{100}{\quad} = \frac{90}{\quad}$

66. $\frac{29}{60} = \frac{116}{\quad} = \frac{\quad}{120} = \frac{174}{\quad}$

67. $\frac{3}{14} = \frac{\quad}{28} = \frac{9}{\quad} = \frac{27}{\quad}$

68. $\frac{4}{16} = \frac{\quad}{112} = \frac{\quad}{64} = \frac{\quad}{32}$

69. $\frac{2}{11} = \frac{\quad}{33} = \frac{14}{\quad} = \frac{\quad}{88}$

70. $\frac{5}{6} = \frac{20}{\quad} = \frac{25}{\quad} = \frac{\quad}{60}$

71. $\frac{3}{20} = \frac{6}{\quad} = \frac{30}{\quad} = \frac{\quad}{100}$

72. $\frac{2}{100} = \frac{18}{\quad} = \frac{\quad}{800} = \frac{\quad}{900}$

73. $\frac{3}{17} = \frac{24}{\quad} = \frac{27}{\quad} = \frac{\quad}{51}$

74. $\frac{10}{13} = \frac{\quad}{65} = \frac{\quad}{104} = \frac{\quad}{39}$

75. $\frac{8}{10} = \frac{32}{\quad} = \frac{\quad}{100} = \frac{\quad}{20}$

76. $\frac{70}{75} = \frac{560}{\quad} = \frac{\quad}{225} = \frac{\quad}{300}$

77. $\frac{62}{100} = \frac{\quad}{700} = \frac{\quad}{1000} = \frac{\quad}{300}$

78. $\frac{1}{5} = \frac{8}{\quad} = \frac{\quad}{25} = \frac{\quad}{15}$

79. $\frac{2}{24} = \frac{4}{\quad} = \frac{16}{\quad} = \frac{12}{\quad}$

80. $\frac{3}{6} = \frac{\quad}{18} = \frac{\quad}{24} = \frac{21}{\quad}$

81. $\frac{3}{15} = \frac{\quad}{150} = \frac{\quad}{60} = \frac{\quad}{90}$

82. $\frac{4}{9} = \frac{\quad}{54} = \frac{\quad}{18} = \frac{20}{\quad}$

83. $\frac{37}{50} = \frac{185}{\quad} = \frac{259}{\quad} = \frac{148}{\quad}$

84. $\frac{17}{18} = \frac{68}{\quad} = \frac{170}{\quad} = \frac{\quad}{90}$

85. $\frac{3}{13} = \frac{\quad}{130} = \frac{\quad}{26} = \frac{30}{\quad}$

86. $\frac{6}{12} = \frac{\quad}{24} = \frac{\quad}{48} = \frac{\quad}{72}$

87. $\frac{18}{25} = \frac{\quad}{250} = \frac{\quad}{75} = \frac{36}{\quad}$

88. $\frac{10}{11} = \frac{\quad}{99} = \frac{100}{\quad} = \frac{\quad}{99}$

89. $\frac{13}{16} = \frac{52}{\quad} = \frac{26}{\quad} = \frac{\quad}{128}$

90. $\frac{14}{20} = \frac{\quad}{160} = \frac{\quad}{60} = \frac{56}{\quad}$

91. $\frac{7}{60} = \frac{\quad}{480} = \frac{70}{\quad} = \frac{63}{\quad}$

92. $\frac{2}{17} = \frac{16}{\quad} = \frac{20}{\quad} = \frac{\quad}{136}$

93. $\frac{1}{4} = \frac{\quad}{24} = \frac{10}{\quad} = \frac{\quad}{32}$

94. $\frac{7}{30} = \frac{35}{\quad} = \frac{\quad}{240} = \frac{49}{\quad}$

95. $\frac{2}{3} = \frac{8}{\quad} = \frac{16}{\quad} = \frac{\quad}{12}$

96. $\frac{2}{7} = \frac{8}{\quad} = \frac{12}{\quad} = \frac{\quad}{21}$

97. $\frac{20}{22} = \frac{\quad}{44} = \frac{140}{\quad} = \frac{\quad}{66}$

98. $\frac{9}{21} = \frac{72}{\quad} = \frac{\quad}{84} = \frac{45}{\quad}$

99. $\frac{8}{14} = \frac{\quad}{140} = \frac{48}{\quad} = \frac{\quad}{98}$

100. $\frac{8}{40} = \frac{64}{\quad} = \frac{\quad}{160} = \frac{\quad}{320}$

H Compare les deux fractions dans chaque cas.

(1) $\frac{9}{13}$ .. $\frac{5}{11}$	(2) $\frac{6}{7}$ .. $\frac{2}{3}$	(3) $\frac{3}{15}$ .. $\frac{3}{4}$	(4) $\frac{12}{14}$ .. $\frac{2}{9}$	(5) $\frac{4}{10}$ .. $\frac{5}{6}$
(6) $\frac{4}{12}$ .. $\frac{1}{2}$	(7) $\frac{4}{5}$ .. $\frac{3}{8}$	(8) $\frac{7}{8}$ .. $\frac{3}{14}$	(9) $\frac{1}{4}$ .. $\frac{2}{3}$	(10) $\frac{1}{6}$ .. $\frac{10}{12}$
(11) $\frac{11}{13}$ .. $\frac{1}{2}$	(12) $\frac{3}{10}$ .. $\frac{5}{7}$	(13) $\frac{2}{15}$ .. $\frac{2}{11}$	(14) $\frac{2}{5}$ .. $\frac{2}{9}$	(15) $\frac{2}{4}$ .. $\frac{2}{7}$
(16) $\frac{4}{9}$ .. $\frac{2}{5}$	(17) $\frac{2}{14}$ .. $\frac{3}{8}$	(18) $\frac{1}{2}$ .. $\frac{5}{15}$	(19) $\frac{12}{13}$ .. $\frac{9}{12}$	(20) $\frac{2}{6}$ .. $\frac{3}{11}$
(21) $\frac{4}{10}$ .. $\frac{2}{3}$	(22) $\frac{3}{5}$ .. $\frac{2}{4}$	(23) $\frac{2}{12}$ .. $\frac{7}{10}$	(24) $\frac{5}{12}$ .. $\frac{1}{13}$	(25) $\frac{2}{5}$ .. $\frac{2}{3}$
(26) $\frac{1}{2}$ .. $\frac{1}{7}$	(27) $\frac{2}{6}$ .. $\frac{2}{4}$	(28) $\frac{7}{8}$ .. $\frac{8}{14}$	(29) $\frac{3}{11}$ .. $\frac{2}{9}$	(30) $\frac{10}{15}$ .. $\frac{1}{2}$
(31) $\frac{4}{11}$ .. $\frac{9}{13}$	(32) $\frac{4}{6}$ .. $\frac{1}{5}$	(33) $\frac{6}{10}$ .. $\frac{7}{8}$	(34) $\frac{6}{12}$ .. $\frac{6}{14}$	(35) $\frac{2}{3}$ .. $\frac{6}{9}$
(36) $\frac{1}{4}$ .. $\frac{6}{15}$	(37) $\frac{4}{7}$ .. $\frac{2}{3}$	(38) $\frac{1}{2}$ .. $\frac{9}{10}$	(39) $\frac{2}{4}$ .. $\frac{6}{8}$	(40) $\frac{8}{14}$ .. $\frac{5}{15}$
(41) $\frac{9}{13}$ .. $\frac{5}{12}$	(42) $\frac{8}{11}$ .. $\frac{3}{7}$	(43) $\frac{4}{5}$ .. $\frac{2}{6}$	(44) $\frac{1}{9}$ .. $\frac{2}{4}$	(45) $\frac{4}{9}$ .. $\frac{1}{7}$
(46) $\frac{1}{3}$ .. $\frac{8}{12}$	(47) $\frac{1}{6}$ .. $\frac{2}{8}$	(48) $\frac{9}{10}$ .. $\frac{8}{13}$	(49) $\frac{1}{2}$ .. $\frac{6}{14}$	(50) $\frac{10}{11}$ .. $\frac{1}{5}$
(51) $\frac{4}{15}$ .. $\frac{14}{15}$	(52) $\frac{4}{10}$ .. $\frac{7}{9}$	(53) $\frac{9}{13}$ .. $\frac{1}{6}$	(54) $\frac{5}{8}$ .. $\frac{1}{2}$	(55) $\frac{1}{3}$ .. $\frac{10}{11}$
(56) $\frac{6}{7}$ .. $\frac{2}{4}$	(57) $\frac{8}{12}$ .. $\frac{2}{5}$	(58) $\frac{5}{14}$ .. $\frac{11}{12}$	(59) $\frac{13}{15}$ .. $\frac{3}{9}$	(60) $\frac{1}{4}$ .. $\frac{2}{6}$
(61) $\frac{4}{5}$ .. $\frac{1}{8}$	(62) $\frac{1}{7}$ .. $\frac{7}{13}$	(63) $\frac{6}{10}$ .. $\frac{6}{11}$	(64) $\frac{1}{2}$ .. $\frac{1}{3}$	(65) $\frac{1}{14}$ .. $\frac{6}{8}$
(66) $\frac{8}{10}$ .. $\frac{2}{7}$	(67) $\frac{10}{13}$ .. $\frac{4}{9}$	(68) $\frac{2}{15}$ .. $\frac{9}{14}$	(69) $\frac{1}{3}$ .. $\frac{1}{4}$	(70) $\frac{9}{12}$ .. $\frac{5}{6}$
(71) $\frac{3}{5}$ .. $\frac{1}{2}$	(72) $\frac{4}{11}$ .. $\frac{8}{15}$	(73) $\frac{3}{13}$ .. $\frac{8}{14}$	(74) $\frac{1}{5}$ .. $\frac{3}{4}$	(75) $\frac{2}{3}$ .. $\frac{9}{10}$
(76) $\frac{7}{9}$ .. $\frac{6}{7}$	(77) $\frac{2}{8}$ .. $\frac{1}{2}$	(78) $\frac{4}{12}$ .. $\frac{2}{11}$	(79) $\frac{5}{6}$ .. $\frac{11}{13}$	(80) $\frac{1}{2}$ .. $\frac{1}{5}$

I Compare les deux fractions dans chaque cas.

(1) $\frac{26}{14}$ .. $\frac{15}{12}$	(2) $\frac{5}{2}$ .. $\frac{11}{4}$	(3) $\frac{29}{14}$ .. $\frac{15}{7}$	(4) $\frac{20}{13}$ .. $\frac{8}{3}$	(5) $\frac{15}{12}$ .. $\frac{13}{8}$
(6) $\frac{12}{5}$ .. $\frac{8}{6}$	(7) $\frac{15}{9}$ .. $\frac{12}{10}$	(8) $\frac{39}{15}$ .. $\frac{16}{11}$	(9) $\frac{7}{6}$ .. $\frac{23}{11}$	(10) $\frac{6}{5}$ .. $\frac{4}{3}$
(11) $\frac{7}{4}$ .. $\frac{5}{2}$	(12) $\frac{34}{14}$ .. $\frac{33}{13}$	(13) $\frac{13}{9}$ .. $\frac{16}{10}$	(14) $\frac{17}{8}$ .. $\frac{19}{12}$	(15) $\frac{8}{7}$ .. $\frac{38}{15}$
(16) $\frac{38}{14}$ .. $\frac{14}{11}$	(17) $\frac{7}{3}$ .. $\frac{18}{12}$	(18) $\frac{5}{2}$ .. $\frac{9}{6}$	(19) $\frac{11}{10}$ .. $\frac{16}{7}$	(20) $\frac{17}{8}$ .. $\frac{24}{15}$
(21) $\frac{22}{9}$ .. $\frac{8}{5}$	(22) $\frac{5}{4}$ .. $\frac{17}{13}$	(23) $\frac{38}{14}$ .. $\frac{8}{3}$	(24) $\frac{6}{4}$ .. $\frac{13}{8}$	(25) $\frac{7}{6}$ .. $\frac{22}{9}$
(26) $\frac{16}{15}$ .. $\frac{22}{10}$	(27) $\frac{14}{5}$ .. $\frac{26}{11}$	(28) $\frac{5}{2}$ .. $\frac{25}{13}$	(29) $\frac{19}{12}$ .. $\frac{10}{7}$	(30) $\frac{27}{10}$ .. $\frac{6}{5}$
(31) $\frac{4}{3}$ .. $\frac{11}{8}$	(32) $\frac{3}{2}$ .. $\frac{22}{9}$	(33) $\frac{29}{11}$ .. $\frac{19}{7}$	(34) $\frac{32}{15}$ .. $\frac{13}{12}$	(35) $\frac{6}{4}$ .. $\frac{30}{13}$
(36) $\frac{16}{6}$ .. $\frac{27}{14}$	(37) $\frac{5}{4}$ .. $\frac{13}{9}$	(38) $\frac{20}{7}$ .. $\frac{21}{13}$	(39) $\frac{18}{15}$ .. $\frac{34}{14}$	(40) $\frac{32}{11}$ .. $\frac{7}{5}$
(41) $\frac{13}{6}$ .. $\frac{25}{12}$	(42) $\frac{3}{2}$ .. $\frac{24}{10}$	(43) $\frac{11}{8}$ .. $\frac{8}{3}$	(44) $\frac{22}{8}$ .. $\frac{29}{11}$	(45) $\frac{15}{13}$ .. $\frac{9}{4}$
(46) $\frac{11}{10}$ .. $\frac{8}{5}$	(47) $\frac{31}{14}$ .. $\frac{8}{3}$	(48) $\frac{18}{12}$ .. $\frac{14}{6}$	(49) $\frac{19}{7}$ .. $\frac{36}{15}$	(50) $\frac{3}{2}$ .. $\frac{21}{9}$
(51) $\frac{11}{4}$ .. $\frac{32}{12}$	(52) $\frac{13}{7}$ .. $\frac{19}{13}$	(53) $\frac{38}{15}$ .. $\frac{5}{2}$	(54) $\frac{20}{8}$ .. $\frac{27}{11}$	(55) $\frac{7}{3}$ .. $\frac{9}{6}$
(56) $\frac{36}{14}$ .. $\frac{12}{10}$	(57) $\frac{6}{5}$ .. $\frac{25}{9}$	(58) $\frac{31}{13}$ .. $\frac{12}{5}$	(59) $\frac{11}{6}$ .. $\frac{13}{8}$	(60) $\frac{23}{14}$ .. $\frac{4}{3}$
(61) $\frac{17}{15}$ .. $\frac{10}{4}$	(62) $\frac{25}{10}$ .. $\frac{25}{12}$	(63) $\frac{26}{11}$ .. $\frac{5}{2}$	(64) $\frac{13}{7}$ .. $\frac{12}{9}$	(65) $\frac{18}{12}$ .. $\frac{5}{2}$
(66) $\frac{16}{7}$ .. $\frac{13}{6}$	(67) $\frac{23}{10}$ .. $\frac{13}{8}$	(68) $\frac{5}{4}$ .. $\frac{16}{14}$	(69) $\frac{15}{9}$ .. $\frac{13}{11}$	(70) $\frac{17}{15}$ .. $\frac{14}{5}$
(71) $\frac{38}{13}$ .. $\frac{8}{3}$	(72) $\frac{21}{10}$ .. $\frac{23}{8}$	(73) $\frac{7}{6}$ .. $\frac{27}{15}$	(74) $\frac{20}{13}$ .. $\frac{20}{7}$	(75) $\frac{11}{4}$ .. $\frac{23}{9}$
(76) $\frac{5}{2}$ .. $\frac{25}{14}$	(77) $\frac{29}{12}$ .. $\frac{8}{3}$	(78) $\frac{8}{3}$ .. $\frac{17}{9}$	(79) $\frac{29}{15}$ .. $\frac{31}{12}$	(80) $\frac{41}{14}$ .. $\frac{13}{6}$

J Compare les deux fractions dans chaque cas.

(1) $\frac{15}{50}$ .. $\frac{8}{16}$	(2) $\frac{15}{27}$ .. $\frac{3}{15}$	(3) $\frac{36}{56}$ .. $\frac{5}{25}$	(4) $\frac{12}{20}$ .. $\frac{6}{18}$	(5) $\frac{24}{32}$ .. $\frac{15}{42}$
(6) $\frac{36}{39}$ .. $\frac{4}{14}$	(7) $\frac{45}{55}$ .. $\frac{4}{48}$	(8) $\frac{30}{45}$ .. $\frac{16}{24}$	(9) $\frac{3}{6}$ .. $\frac{40}{75}$	(10) $\frac{6}{8}$ .. $\frac{12}{66}$
(11) $\frac{15}{18}$ .. $\frac{6}{12}$	(12) $\frac{18}{21}$ .. $\frac{5}{10}$	(13) $\frac{28}{52}$ .. $\frac{21}{30}$	(14) $\frac{4}{12}$ .. $\frac{16}{18}$	(15) $\frac{24}{56}$ .. $\frac{36}{72}$
(16) $\frac{10}{40}$ .. $\frac{18}{30}$	(17) $\frac{55}{75}$ .. $\frac{24}{33}$	(18) $\frac{32}{48}$ .. $\frac{10}{65}$	(19) $\frac{12}{32}$ .. $\frac{5}{10}$	(20) $\frac{30}{36}$ .. $\frac{4}{28}$
(21) $\frac{24}{56}$ .. $\frac{6}{8}$	(22) $\frac{4}{36}$ .. $\frac{3}{15}$	(23) $\frac{24}{60}$ .. $\frac{2}{6}$	(24) $\frac{15}{30}$ .. $\frac{14}{22}$	(25) $\frac{16}{24}$ .. $\frac{3}{6}$
(26) $\frac{4}{8}$ .. $\frac{18}{20}$	(27) $\frac{24}{48}$ .. $\frac{65}{75}$	(28) $\frac{9}{27}$ .. $\frac{12}{48}$	(29) $\frac{10}{26}$ .. $\frac{10}{25}$	(30) $\frac{30}{35}$ .. $\frac{36}{42}$
(31) $\frac{3}{9}$ .. $\frac{12}{15}$	(32) $\frac{12}{42}$ .. $\frac{8}{24}$	(33) $\frac{10}{12}$ .. $\frac{30}{33}$	(34) $\frac{24}{48}$ .. $\frac{39}{45}$	(35) $\frac{5}{10}$ .. $\frac{16}{28}$
(36) $\frac{8}{12}$ .. $\frac{2}{8}$	(37) $\frac{10}{45}$ .. $\frac{40}{52}$	(38) $\frac{48}{60}$ .. $\frac{2}{6}$	(39) $\frac{12}{20}$ .. $\frac{33}{45}$	(40) $\frac{10}{70}$ .. $\frac{56}{60}$
(41) $\frac{48}{78}$ .. $\frac{3}{6}$	(42) $\frac{6}{18}$ .. $\frac{28}{32}$	(43) $\frac{4}{20}$ .. $\frac{9}{21}$	(44) $\frac{5}{45}$ .. $\frac{18}{24}$	(45) $\frac{12}{30}$ .. $\frac{4}{44}$
(46) $\frac{10}{60}$ .. $\frac{4}{12}$	(47) $\frac{48}{60}$ .. $\frac{24}{33}$	(48) $\frac{8}{52}$ .. $\frac{5}{20}$	(49) $\frac{12}{16}$ .. $\frac{15}{30}$	(50) $\frac{10}{15}$ .. $\frac{24}{36}$
(51) $\frac{15}{21}$ .. $\frac{15}{45}$	(52) $\frac{12}{30}$ .. $\frac{6}{12}$	(53) $\frac{25}{70}$ .. $\frac{42}{45}$	(54) $\frac{12}{16}$ .. $\frac{12}{36}$	(55) $\frac{30}{54}$ .. $\frac{20}{44}$
(56) $\frac{5}{60}$ .. $\frac{10}{25}$	(57) $\frac{5}{10}$ .. $\frac{42}{90}$	(58) $\frac{6}{16}$ .. $\frac{5}{15}$	(59) $\frac{5}{35}$ .. $\frac{60}{84}$	(60) $\frac{24}{52}$ .. $\frac{30}{60}$
(61) $\frac{6}{12}$ .. $\frac{18}{21}$	(62) $\frac{18}{30}$ .. $\frac{21}{24}$	(63) $\frac{36}{48}$ .. $\frac{6}{36}$	(64) $\frac{3}{12}$ .. $\frac{10}{30}$	(65) $\frac{40}{50}$ .. $\frac{48}{66}$
(66) $\frac{14}{28}$ .. $\frac{15}{27}$	(67) $\frac{21}{39}$ .. $\frac{6}{18}$	(68) $\frac{28}{40}$ .. $\frac{8}{18}$	(69) $\frac{15}{40}$ .. $\frac{16}{26}$	(70) $\frac{8}{12}$ .. $\frac{4}{30}$
(71) $\frac{6}{8}$ .. $\frac{5}{25}$	(72) $\frac{33}{36}$ .. $\frac{24}{66}$	(73) $\frac{30}{70}$ .. $\frac{5}{35}$	(74) $\frac{5}{10}$ .. $\frac{5}{15}$	(75) $\frac{10}{25}$ .. $\frac{20}{24}$
(76) $\frac{2}{4}$ .. $\frac{18}{30}$	(77) $\frac{4}{16}$ .. $\frac{16}{28}$	(78) $\frac{12}{22}$ .. $\frac{6}{18}$	(79) $\frac{20}{30}$ .. $\frac{3}{12}$	(80) $\frac{6}{84}$ .. $\frac{10}{30}$

K Compare les deux fractions dans chaque cas.

(1) $2\frac{1}{2}$ .. $9\frac{12}{15}$	(2) $5\frac{2}{3}$ .. $7\frac{4}{6}$	(3) $5\frac{8}{9}$ .. $8\frac{4}{12}$	(4) $9\frac{8}{11}$ .. $4\frac{3}{4}$	(5) $7\frac{1}{13}$ .. $3\frac{3}{5}$
(6) $7\frac{1}{2}$ .. $3\frac{7}{14}$	(7) $2\frac{6}{7}$ .. $5\frac{2}{15}$	(8) $8\frac{7}{10}$ .. $5\frac{5}{8}$	(9) $3\frac{4}{10}$ .. $6\frac{3}{11}$	(10) $7\frac{2}{9}$ .. $3\frac{1}{13}$
(11) $9\frac{12}{14}$ .. $7\frac{2}{5}$	(12) $3\frac{2}{3}$ .. $2\frac{8}{12}$	(13) $1\frac{2}{4}$ .. $9\frac{4}{8}$	(14) $3\frac{4}{15}$ .. $7\frac{1}{2}$	(15) $5\frac{4}{6}$ .. $7\frac{1}{7}$
(16) $2\frac{3}{8}$ .. $1\frac{1}{9}$	(17) $8\frac{13}{14}$ .. $5\frac{5}{13}$	(18) $2\frac{8}{11}$ .. $3\frac{2}{12}$	(19) $3\frac{2}{3}$ .. $7\frac{6}{15}$	(20) $7\frac{3}{7}$ .. $7\frac{1}{2}$
(21) $9\frac{6}{10}$ .. $6\frac{5}{6}$	(22) $6\frac{2}{5}$ .. $2\frac{1}{4}$	(23) $5\frac{4}{5}$ .. $7\frac{10}{12}$	(24) $3\frac{1}{2}$ .. $7\frac{10}{13}$	(25) $4\frac{7}{8}$ .. $7\frac{5}{7}$
(26) $2\frac{12}{15}$ .. $4\frac{4}{10}$	(27) $2\frac{2}{3}$ .. $9\frac{4}{11}$	(28) $6\frac{12}{14}$ .. $9\frac{4}{9}$	(29) $3\frac{3}{4}$ .. $5\frac{1}{6}$	(30) $4\frac{5}{15}$ .. $4\frac{8}{12}$
(31) $3\frac{6}{10}$ .. $3\frac{4}{8}$	(32) $5\frac{1}{3}$ .. $4\frac{3}{5}$	(33) $6\frac{6}{13}$ .. $9\frac{6}{7}$	(34) $9\frac{10}{11}$ .. $4\frac{3}{4}$	(35) $4\frac{7}{14}$ .. $2\frac{1}{2}$
(36) $3\frac{3}{9}$ .. $4\frac{2}{6}$	(37) $9\frac{1}{13}$ .. $4\frac{7}{8}$	(38) $3\frac{1}{2}$ .. $5\frac{6}{15}$	(39) $5\frac{8}{12}$ .. $5\frac{2}{9}$	(40) $2\frac{4}{7}$ .. $4\frac{2}{10}$
(41) $9\frac{4}{6}$ .. $3\frac{2}{4}$	(42) $4\frac{7}{11}$ .. $7\frac{1}{5}$	(43) $7\frac{1}{3}$ .. $9\frac{1}{14}$	(44) $5\frac{4}{7}$ .. $4\frac{1}{4}$	(45) $2\frac{1}{2}$ .. $4\frac{1}{5}$
(46) $2\frac{6}{11}$ .. $1\frac{4}{15}$	(47) $4\frac{4}{14}$ .. $5\frac{4}{13}$	(48) $4\frac{7}{8}$ .. $3\frac{2}{3}$	(49) $4\frac{3}{10}$ .. $3\frac{3}{6}$	(50) $9\frac{8}{12}$ .. $6\frac{6}{9}$
(51) $2\frac{14}{15}$ .. $4\frac{10}{11}$	(52) $5\frac{4}{13}$ .. $2\frac{5}{6}$	(53) $7\frac{4}{12}$ .. $4\frac{2}{4}$	(54) $8\frac{9}{10}$ .. $4\frac{7}{8}$	(55) $5\frac{5}{7}$ .. $3\frac{13}{14}$
(56) $6\frac{1}{9}$ .. $2\frac{4}{5}$	(57) $7\frac{1}{3}$ .. $2\frac{1}{2}$	(58) $8\frac{3}{4}$ .. $2\frac{6}{9}$	(59) $5\frac{8}{15}$ .. $4\frac{2}{6}$	(60) $8\frac{3}{9}$ .. $8\frac{2}{3}$
(61) $2\frac{4}{10}$ .. $2\frac{1}{2}$	(62) $3\frac{12}{14}$ .. $5\frac{4}{12}$	(63) $2\frac{6}{13}$ .. $2\frac{4}{7}$	(64) $4\frac{3}{4}$ .. $4\frac{6}{11}$	(65) $8\frac{4}{15}$ .. $6\frac{2}{5}$
(66) $7\frac{6}{8}$ .. $6\frac{1}{3}$	(67) $3\frac{1}{13}$ .. $4\frac{7}{8}$	(68) $6\frac{2}{5}$ .. $8\frac{2}{14}$	(69) $2\frac{10}{15}$ .. $9\frac{7}{9}$	(70) $8\frac{2}{4}$ .. $7\frac{2}{7}$
(71) $2\frac{2}{6}$ .. $8\frac{8}{10}$	(72) $5\frac{2}{12}$ .. $2\frac{1}{2}$	(73) $1\frac{10}{11}$ .. $5\frac{1}{7}$	(74) $2\frac{2}{3}$ .. $7\frac{13}{14}$	(75) $5\frac{1}{8}$ .. $6\frac{1}{4}$
(76) $9\frac{6}{15}$ .. $8\frac{1}{9}$	(77) $8\frac{11}{12}$ .. $8\frac{1}{2}$	(78) $6\frac{3}{6}$ .. $5\frac{12}{13}$	(79) $7\frac{6}{10}$ .. $7\frac{3}{11}$	(80) $3\frac{4}{5}$ .. $5\frac{1}{2}$

L Calcule la somme des deux fractions dans chaque cas et donne le résultat sous la forme d'une fraction irréductible.

(1) $\frac{5}{8} + \frac{4}{8} =$	(2) $\frac{3}{6} + \frac{3}{6} =$	(3) $\frac{3}{5} + \frac{1}{5} =$	(4) $\frac{5}{6} + \frac{3}{6} =$	(5) $\frac{1}{4} + \frac{1}{4} =$ .....
(6) $\frac{1}{3} + \frac{1}{3} =$	(7) $\frac{4}{8} + \frac{1}{8} =$	(8) $\frac{6}{8} + \frac{1}{8} =$	(9) $\frac{2}{4} + \frac{1}{4} =$	(10) $\frac{2}{6} + \frac{5}{6} =$ .....
(11) $\frac{3}{5} + \frac{2}{5} =$	(12) $\frac{1}{3} + \frac{2}{3} =$	(13) $\frac{3}{5} + \frac{4}{5} =$	(14) $\frac{5}{8} + \frac{6}{8} =$	(15) $\frac{5}{6} + \frac{5}{6} =$ .....
(16) $\frac{1}{4} + \frac{3}{4} =$	(17) $\frac{1}{5} + \frac{1}{5} =$	(18) $\frac{6}{8} + \frac{6}{8} =$	(19) $\frac{2}{3} + \frac{2}{3} =$	(20) $\frac{4}{6} + \frac{3}{6} =$ .....
(21) $\frac{2}{5} + \frac{4}{5} =$	(22) $\frac{2}{4} + \frac{2}{4} =$	(23) $\frac{2}{5} + \frac{2}{5} =$	(24) $\frac{3}{6} + \frac{1}{6} =$	(25) $\frac{3}{8} + \frac{7}{8} =$ .....
(26) $\frac{2}{4} + \frac{3}{4} =$	(27) $\frac{5}{8} + \frac{5}{8} =$	(28) $\frac{3}{4} + \frac{2}{4} =$	(29) $\frac{4}{5} + \frac{1}{5} =$	(30) $\frac{1}{5} + \frac{4}{5} =$ .....
(31) $\frac{4}{8} + \frac{2}{8} =$	(32) $\frac{3}{6} + \frac{2}{6} =$	(33) $\frac{7}{8} + \frac{7}{8} =$	(34) $\frac{3}{4} + \frac{1}{4} =$	(35) $\frac{6}{8} + \frac{2}{8} =$ .....
(36) $\frac{4}{6} + \frac{5}{6} =$	(37) $\frac{2}{8} + \frac{2}{8} =$	(38) $\frac{2}{5} + \frac{3}{5} =$	(39) $\frac{1}{6} + \frac{5}{6} =$	(40) $\frac{2}{3} + \frac{1}{3} =$ .....
(41) $\frac{3}{8} + \frac{3}{8} =$	(42) $\frac{5}{6} + \frac{4}{6} =$	(43) $\frac{2}{8} + \frac{7}{8} =$	(44) $\frac{2}{6} + \frac{3}{6} =$	(45) $\frac{3}{5} + \frac{3}{5} =$ .....
(46) $\frac{2}{6} + \frac{4}{6} =$	(47) $\frac{1}{8} + \frac{3}{8} =$	(48) $\frac{1}{5} + \frac{3}{5} =$	(49) $\frac{7}{8} + \frac{5}{8} =$	(50) $\frac{4}{6} + \frac{2}{6} =$ .....
(51) $\frac{1}{6} + \frac{2}{6} =$	(52) $\frac{4}{8} + \frac{7}{8} =$	(53) $\frac{2}{8} + \frac{4}{8} =$	(54) $\frac{2}{6} + \frac{1}{6} =$	(55) $\frac{1}{6} + \frac{4}{6} =$ .....
(56) $\frac{6}{8} + \frac{4}{8} =$	(57) $\frac{2}{8} + \frac{1}{8} =$	(58) $\frac{1}{8} + \frac{2}{8} =$	(59) $\frac{5}{8} + \frac{2}{8} =$	(60) $\frac{3}{6} + \frac{5}{6} =$ .....
(61) $\frac{3}{4} + \frac{3}{4} =$	(62) $\frac{2}{5} + \frac{1}{5} =$	(63) $\frac{4}{5} + \frac{4}{5} =$	(64) $\frac{3}{8} + \frac{1}{8} =$	(65) $\frac{7}{8} + \frac{6}{8} =$ .....
(66) $\frac{4}{8} + \frac{5}{8} =$	(67) $\frac{4}{5} + \frac{2}{5} =$	(68) $\frac{7}{8} + \frac{4}{8} =$	(69) $\frac{3}{6} + \frac{4}{6} =$	(70) $\frac{4}{5} + \frac{3}{5} =$ .....
(71) $\frac{1}{8} + \frac{7}{8} =$	(72) $\frac{1}{4} + \frac{2}{4} =$	(73) $\frac{1}{5} + \frac{2}{5} =$	(74) $\frac{2}{8} + \frac{6}{8} =$	(75) $\frac{1}{6} + \frac{3}{6} =$ .....
(76) $\frac{2}{8} + \frac{3}{8} =$	(77) $\frac{4}{8} + \frac{6}{8} =$	(78) $\frac{3}{8} + \frac{4}{8} =$	(79) $\frac{4}{6} + \frac{1}{6} =$	(80) $\frac{1}{8} + \frac{6}{8} =$ .....
(81) $\frac{1}{8} + \frac{5}{8} =$	(82) $\frac{4}{8} + \frac{3}{8} =$	(83) $\frac{3}{8} + \frac{6}{8} =$	(84) $\frac{2}{6} + \frac{2}{6} =$	(85) $\frac{6}{8} + \frac{3}{8} =$ .....

M Calcule la somme des deux fractions dans chaque cas et donne le résultat sous la forme d'une fraction irréductible.

(1) $\frac{4}{5} + \frac{1}{4} =$	(2) $\frac{2}{3} + \frac{1}{8} =$	(3) $\frac{1}{6} + \frac{3}{6} =$	(4) $\frac{2}{3} + \frac{1}{5} =$	(5) $\frac{1}{6} + \frac{5}{8} =$ .....
(6) $\frac{3}{4} + \frac{3}{4} =$	(7) $\frac{2}{6} + \frac{3}{5} =$	(8) $\frac{2}{4} + \frac{5}{6} =$	(9) $\frac{2}{6} + \frac{1}{3} =$	(10) $\frac{1}{3} + \frac{5}{6} =$ .....
(11) $\frac{2}{8} + \frac{6}{8} =$	(12) $\frac{2}{3} + \frac{2}{5} =$	(13) $\frac{2}{4} + \frac{1}{4} =$	(14) $\frac{2}{3} + \frac{1}{3} =$	(15) $\frac{1}{8} + \frac{3}{5} =$ .....
(16) $\frac{2}{5} + \frac{3}{8} =$	(17) $\frac{3}{6} + \frac{4}{6} =$	(18) $\frac{2}{3} + \frac{4}{5} =$	(19) $\frac{6}{8} + \frac{1}{4} =$	(20) $\frac{2}{4} + \frac{3}{8} =$ .....
(21) $\frac{4}{5} + \frac{2}{3} =$	(22) $\frac{2}{3} + \frac{3}{5} =$	(23) $\frac{1}{4} + \frac{2}{3} =$	(24) $\frac{1}{8} + \frac{3}{4} =$	(25) $\frac{3}{5} + \frac{5}{6} =$ .....
(26) $\frac{5}{6} + \frac{4}{5} =$	(27) $\frac{2}{3} + \frac{3}{6} =$	(28) $\frac{1}{5} + \frac{1}{4} =$	(29) $\frac{3}{6} + \frac{1}{5} =$	(30) $\frac{3}{4} + \frac{1}{3} =$ .....
(31) $\frac{4}{6} + \frac{3}{8} =$	(32) $\frac{1}{5} + \frac{2}{6} =$	(33) $\frac{1}{3} + \frac{2}{3} =$	(34) $\frac{1}{3} + \frac{6}{8} =$	(35) $\frac{3}{4} + \frac{2}{5} =$ .....
(36) $\frac{1}{5} + \frac{1}{3} =$	(37) $\frac{3}{8} + \frac{1}{4} =$	(38) $\frac{5}{6} + \frac{3}{5} =$	(39) $\frac{1}{6} + \frac{3}{4} =$	(40) $\frac{1}{4} + \frac{5}{6} =$ .....
(41) $\frac{4}{6} + \frac{1}{8} =$	(42) $\frac{4}{5} + \frac{3}{5} =$	(43) $\frac{2}{4} + \frac{1}{3} =$	(44) $\frac{4}{6} + \frac{6}{8} =$	(45) $\frac{3}{6} + \frac{2}{3} =$ .....
(46) $\frac{3}{5} + \frac{3}{5} =$	(47) $\frac{2}{4} + \frac{2}{4} =$	(48) $\frac{1}{3} + \frac{3}{6} =$	(49) $\frac{2}{5} + \frac{2}{3} =$	(50) $\frac{2}{5} + \frac{2}{6} =$ .....
(51) $\frac{3}{4} + \frac{1}{5} =$	(52) $\frac{4}{6} + \frac{4}{6} =$	(53) $\frac{2}{6} + \frac{4}{5} =$	(54) $\frac{1}{4} + \frac{3}{5} =$	(55) $\frac{5}{6} + \frac{7}{8} =$ .....
(56) $\frac{4}{5} + \frac{5}{6} =$	(57) $\frac{4}{6} + \frac{7}{8} =$	(58) $\frac{3}{5} + \frac{2}{3} =$	(59) $\frac{1}{4} + \frac{1}{3} =$	(60) $\frac{1}{8} + \frac{1}{8} =$ .....
(61) $\frac{2}{3} + \frac{7}{8} =$	(62) $\frac{1}{6} + \frac{2}{3} =$	(63) $\frac{2}{4} + \frac{6}{8} =$	(64) $\frac{4}{8} + \frac{3}{4} =$	(65) $\frac{7}{8} + \frac{5}{8} =$ .....
(66) $\frac{2}{5} + \frac{2}{5} =$	(67) $\frac{6}{8} + \frac{4}{5} =$	(68) $\frac{5}{6} + \frac{2}{3} =$	(69) $\frac{2}{3} + \frac{3}{4} =$	(70) $\frac{3}{4} + \frac{5}{6} =$ .....
(71) $\frac{1}{3} + \frac{1}{8} =$	(72) $\frac{1}{5} + \frac{4}{5} =$	(73) $\frac{2}{6} + \frac{2}{6} =$	(74) $\frac{1}{4} + \frac{4}{8} =$	(75) $\frac{4}{8} + \frac{1}{6} =$ .....
(76) $\frac{2}{5} + \frac{1}{3} =$	(77) $\frac{1}{5} + \frac{1}{8} =$	(78) $\frac{2}{4} + \frac{2}{6} =$	(79) $\frac{2}{3} + \frac{1}{6} =$	(80) $\frac{5}{8} + \frac{2}{5} =$ .....
(81) $\frac{2}{3} + \frac{2}{3} =$	(82) $\frac{1}{4} + \frac{7}{8} =$	(83) $\frac{3}{5} + \frac{1}{4} =$	(84) $\frac{1}{3} + \frac{3}{5} =$	(85) $\frac{6}{8} + \frac{3}{6} =$ .....

N Calcule la somme des deux fractions dans chaque cas et donne le résultat sous la forme d'une fraction irréductible.

(1) $\frac{4}{14} + \frac{2}{6} =$	(2) $\frac{3}{5} + \frac{2}{3} =$	(3) $\frac{5}{18} + \frac{3}{5} =$	(4) $\frac{6}{9} + \frac{3}{4} =$ ....
(5) $\frac{3}{4} + \frac{5}{6} =$	(6) $\frac{3}{5} + \frac{1}{5} =$	(7) $\frac{12}{16} + \frac{4}{5} =$	(8) $\frac{15}{20} + \frac{2}{3} =$ ....
(9) $\frac{5}{12} + \frac{1}{8} =$	(10) $\frac{29}{100} + \frac{2}{3} =$	(11) $\frac{6}{8} + \frac{1}{4} =$	(12) $\frac{12}{15} + \frac{2}{6} =$ ....
(13) $\frac{7}{21} + \frac{2}{8} =$	(14) $\frac{4}{8} + \frac{1}{3} =$	(15) $\frac{14}{25} + \frac{4}{5} =$	(16) $\frac{11}{12} + \frac{2}{3} =$ ....
(17) $\frac{6}{50} + \frac{4}{6} =$	(18) $\frac{3}{5} + \frac{2}{4} =$	(19) $\frac{22}{30} + \frac{4}{5} =$	(20) $\frac{5}{6} + \frac{2}{8} =$ ....
(21) $\frac{3}{21} + \frac{3}{4} =$	(22) $\frac{14}{25} + \frac{3}{6} =$	(23) $\frac{8}{18} + \frac{2}{8} =$	(24) $\frac{9}{20} + \frac{4}{5} =$ ....
(25) $\frac{2}{6} + \frac{2}{4} =$	(26) $\frac{7}{15} + \frac{2}{3} =$	(27) $\frac{1}{3} + \frac{2}{4} =$	(28) $\frac{5}{30} + \frac{1}{3} =$ ....
(29) $\frac{6}{12} + \frac{4}{8} =$	(30) $\frac{1}{3} + \frac{1}{3} =$	(31) $\frac{1}{5} + \frac{1}{4} =$	(32) $\frac{6}{15} + \frac{3}{4} =$ ....
(33) $\frac{16}{18} + \frac{1}{8} =$	(34) $\frac{26}{30} + \frac{1}{3} =$	(35) $\frac{10}{50} + \frac{2}{4} =$	(36) $\frac{13}{14} + \frac{3}{8} =$ ....
(37) $\frac{5}{20} + \frac{1}{3} =$	(38) $\frac{10}{12} + \frac{4}{5} =$	(39) $\frac{2}{4} + \frac{3}{8} =$	(40) $\frac{24}{30} + \frac{1}{6} =$ ....
(41) $\frac{2}{3} + \frac{2}{3} =$	(42) $\frac{2}{25} + \frac{1}{6} =$	(43) $\frac{5}{14} + \frac{2}{5} =$	(44) $\frac{3}{12} + \frac{4}{6} =$ ....
(45) $\frac{9}{16} + \frac{4}{8} =$	(46) $\frac{16}{18} + \frac{1}{4} =$	(47) $\frac{10}{21} + \frac{6}{8} =$	(48) $\frac{1}{6} + \frac{3}{4} =$ ....
(49) $\frac{14}{30} + \frac{4}{6} =$	(50) $\frac{2}{3} + \frac{1}{3} =$	(51) $\frac{12}{40} + \frac{2}{5} =$	(52) $\frac{5}{8} + \frac{3}{4} =$ ....
(53) $\frac{8}{14} + \frac{1}{8} =$	(54) $\frac{4}{15} + \frac{2}{5} =$	(55) $\frac{15}{25} + \frac{2}{8} =$	(56) $\frac{13}{20} + \frac{1}{6} =$ ....
(57) $\frac{2}{4} + \frac{1}{3} =$	(58) $\frac{2}{8} + \frac{2}{5} =$	(59) $\frac{2}{12} + \frac{1}{3} =$	(60) $\frac{11}{20} + \frac{2}{5} =$ ....
(61) $\frac{7}{9} + \frac{2}{8} =$	(62) $\frac{1}{3} + \frac{2}{3} =$	(63) $\frac{9}{16} + \frac{3}{5} =$	(64) $\frac{5}{6} + \frac{3}{8} =$ ....
(65) $\frac{92}{100} + \frac{1}{6} =$	(66) $\frac{25}{50} + \frac{4}{5} =$	(67) $\frac{7}{9} + \frac{2}{5} =$	(68) $\frac{18}{21} + \frac{3}{8} =$ ....

O Calcule la différence des deux fractions dans chaque cas et donne le résultat sous la forme d'une fraction irréductible.

(1) $\frac{2}{3} - \frac{1}{3} =$	(2) $\frac{2}{6} - \frac{1}{6} =$	(3) $\frac{4}{5} - \frac{3}{5} =$	(4) $\frac{7}{8} - \frac{6}{8} =$	(5) $\frac{3}{4} - \frac{1}{4} =$ ......
(6) $\frac{5}{8} - \frac{3}{8} =$	(7) $\frac{4}{5} - \frac{2}{5} =$	(8) $\frac{3}{6} - \frac{2}{6} =$	(9) $\frac{5}{8} - \frac{4}{8} =$	(10) $\frac{3}{4} - \frac{2}{4} =$ ......
(11) $\frac{3}{5} - \frac{2}{5} =$	(12) $\frac{5}{6} - \frac{1}{6} =$	(13) $\frac{3}{8} - \frac{1}{8} =$	(14) $\frac{5}{6} - \frac{4}{6} =$	(15) $\frac{6}{8} - \frac{4}{8} =$ ......
(16) $\frac{2}{4} - \frac{1}{4} =$	(17) $\frac{3}{5} - \frac{1}{5} =$	(18) $\frac{2}{8} - \frac{1}{8} =$	(19) $\frac{4}{6} - \frac{1}{6} =$	(20) $\frac{4}{8} - \frac{3}{8} =$ ......
(21) $\frac{4}{5} - \frac{1}{5} =$	(22) $\frac{7}{8} - \frac{4}{8} =$	(23) $\frac{4}{6} - \frac{3}{6} =$	(24) $\frac{6}{8} - \frac{5}{8} =$	(25) $\frac{5}{6} - \frac{3}{6} =$ ......
(26) $\frac{4}{8} - \frac{2}{8} =$	(27) $\frac{3}{6} - \frac{1}{6} =$	(28) $\frac{3}{8} - \frac{2}{8} =$	(29) $\frac{5}{6} - \frac{2}{6} =$	(30) $\frac{2}{5} - \frac{1}{5} =$ ......
(31) $\frac{5}{8} - \frac{1}{8} =$	(32) $\frac{7}{8} - \frac{2}{8} =$	(33) $\frac{4}{6} - \frac{2}{6} =$	(34) $\frac{6}{8} - \frac{1}{8} =$	(35) $\frac{5}{8} - \frac{2}{8} =$ ......
(36) $\frac{7}{8} - \frac{5}{8} =$	(37) $\frac{7}{8} - \frac{3}{8} =$	(38) $\frac{7}{8} - \frac{1}{8} =$	(39) $\frac{6}{8} - \frac{3}{8} =$	(40) $\frac{4}{8} - \frac{1}{8} =$ ......
(41) $\frac{6}{8} - \frac{2}{8} =$	(42) $\frac{3}{4} - \frac{1}{4} =$	(43) $\frac{4}{5} - \frac{3}{5} =$	(44) $\frac{3}{5} - \frac{2}{5} =$	(45) $\frac{4}{6} - \frac{2}{6} =$ ......
(46) $\frac{2}{3} - \frac{1}{3} =$	(47) $\frac{5}{6} - \frac{4}{6} =$	(48) $\frac{3}{4} - \frac{1}{4} =$	(49) $\frac{4}{6} - \frac{3}{6} =$	(50) $\frac{4}{8} - \frac{1}{8} =$ ......
(51) $\frac{7}{8} - \frac{6}{8} =$	(52) $\frac{2}{3} - \frac{1}{3} =$	(53) $\frac{7}{8} - \frac{3}{8} =$	(54) $\frac{2}{3} - \frac{1}{3} =$	(55) $\frac{5}{8} - \frac{4}{8} =$ ......
(56) $\frac{4}{6} - \frac{2}{6} =$	(57) $\frac{5}{6} - \frac{3}{6} =$	(58) $\frac{7}{8} - \frac{2}{8} =$	(59) $\frac{2}{4} - \frac{1}{4} =$	(60) $\frac{2}{5} - \frac{1}{5} =$ ......
(61) $\frac{3}{4} - \frac{2}{4} =$	(62) $\frac{3}{4} - \frac{2}{4} =$	(63) $\frac{2}{3} - \frac{1}{3} =$	(64) $\frac{2}{3} - \frac{1}{3} =$	(65) $\frac{4}{6} - \frac{2}{6} =$ ......
(66) $\frac{5}{8} - \frac{1}{8} =$	(67) $\frac{4}{5} - \frac{1}{5} =$	(68) $\frac{3}{8} - \frac{2}{8} =$	(69) $\frac{3}{4} - \frac{2}{4} =$	(70) $\frac{4}{6} - \frac{2}{6} =$ ......
(71) $\frac{2}{4} - \frac{1}{4} =$	(72) $\frac{4}{5} - \frac{3}{5} =$	(73) $\frac{6}{8} - \frac{1}{8} =$	(74) $\frac{3}{4} - \frac{1}{4} =$	(75) $\frac{5}{8} - \frac{1}{8} =$ ......
(76) $\frac{4}{6} - \frac{1}{6} =$	(77) $\frac{2}{4} - \frac{1}{4} =$	(78) $\frac{3}{4} - \frac{2}{4} =$	(79) $\frac{4}{6} - \frac{1}{6} =$	(80) $\frac{4}{8} - \frac{3}{8} =$ ......
(81) $\frac{2}{3} - \frac{1}{3} =$	(82) $\frac{3}{4} - \frac{1}{4} =$	(83) $\frac{4}{5} - \frac{3}{5} =$	(84) $\frac{3}{6} - \frac{1}{6} =$	(85) $\frac{2}{5} - \frac{1}{5} =$ ......

P Calcule la différence des deux fractions dans chaque cas et donne le résultat sous la forme d'une fraction irréductible.

(1) $\frac{5}{6} - \frac{1}{5} =$	(2) $\frac{5}{8} - \frac{1}{4} =$	(3) $\frac{3}{8} - \frac{1}{3} =$	(4) $\frac{2}{4} - \frac{3}{8} =$	(5) $\frac{3}{4} - \frac{4}{6} =$ ......
(6) $\frac{4}{8} - \frac{1}{3} =$	(7) $\frac{2}{3} - \frac{2}{6} =$	(8) $\frac{3}{4} - \frac{3}{6} =$	(9) $\frac{2}{3} - \frac{2}{8} =$	(10) $\frac{5}{6} - \frac{1}{3} =$ ......
(11) $\frac{3}{5} - \frac{1}{6} =$	(12) $\frac{1}{4} - \frac{1}{6} =$	(13) $\frac{2}{3} - \frac{3}{8} =$	(14) $\frac{3}{4} - \frac{1}{4} =$	(15) $\frac{1}{4} - \frac{1}{5} =$ ......
(16) $\frac{4}{6} - \frac{1}{4} =$	(17) $\frac{7}{8} - \frac{1}{4} =$	(18) $\frac{4}{5} - \frac{1}{4} =$	(19) $\frac{3}{4} - \frac{3}{5} =$	(20) $\frac{6}{8} - \frac{2}{3} =$ ......
(21) $\frac{5}{6} - \frac{2}{5} =$	(22) $\frac{4}{5} - \frac{3}{4} =$	(23) $\frac{2}{3} - \frac{1}{5} =$	(24) $\frac{2}{5} - \frac{1}{3} =$	(25) $\frac{7}{8} - \frac{3}{4} =$ ......
(26) $\frac{1}{5} - \frac{1}{6} =$	(27) $\frac{4}{5} - \frac{2}{4} =$	(28) $\frac{4}{8} - \frac{1}{5} =$	(29) $\frac{4}{6} - \frac{1}{8} =$	(30) $\frac{4}{8} - \frac{2}{6} =$ ......
(31) $\frac{5}{6} - \frac{3}{4} =$	(32) $\frac{4}{5} - \frac{1}{3} =$	(33) $\frac{6}{8} - \frac{2}{4} =$	(34) $\frac{3}{8} - \frac{1}{4} =$	(35) $\frac{2}{4} - \frac{2}{6} =$ ......
(36) $\frac{2}{3} - \frac{1}{3} =$	(37) $\frac{1}{3} - \frac{1}{5} =$	(38) $\frac{2}{5} - \frac{2}{6} =$	(39) $\frac{1}{3} - \frac{2}{8} =$	(40) $\frac{3}{6} - \frac{1}{5} =$ ......
(41) $\frac{3}{5} - \frac{3}{8} =$	(42) $\frac{4}{5} - \frac{2}{3} =$	(43) $\frac{2}{3} - \frac{3}{5} =$	(44) $\frac{7}{8} - \frac{1}{5} =$	(45) $\frac{2}{3} - \frac{1}{6} =$ ......
(46) $\frac{3}{4} - \frac{1}{6} =$	(47) $\frac{7}{8} - \frac{3}{8} =$	(48) $\frac{1}{3} - \frac{1}{8} =$	(49) $\frac{3}{4} - \frac{1}{5} =$	(50) $\frac{5}{6} - \frac{4}{5} =$ ......
(51) $\frac{3}{5} - \frac{4}{8} =$	(52) $\frac{1}{3} - \frac{1}{6} =$	(53) $\frac{3}{4} - \frac{2}{4} =$	(54) $\frac{2}{5} - \frac{1}{6} =$	(55) $\frac{3}{4} - \frac{2}{8} =$ ......
(56) $\frac{3}{4} - \frac{2}{6} =$	(57) $\frac{2}{4} - \frac{1}{6} =$	(58) $\frac{3}{5} - \frac{2}{8} =$	(59) $\frac{4}{6} - \frac{2}{8} =$	(60) $\frac{3}{5} - \frac{2}{4} =$ ......
(61) $\frac{2}{4} - \frac{1}{5} =$	(62) $\frac{4}{6} - \frac{1}{5} =$	(63) $\frac{6}{8} - \frac{1}{4} =$	(64) $\frac{7}{8} - \frac{3}{6} =$	(65) $\frac{5}{6} - \frac{6}{8} =$ ......
(66) $\frac{6}{8} - \frac{1}{3} =$	(67) $\frac{3}{4} - \frac{2}{3} =$	(68) $\frac{2}{4} - \frac{1}{3} =$	(69) $\frac{5}{6} - \frac{1}{8} =$	(70) $\frac{4}{6} - \frac{1}{3} =$ ......
(71) $\frac{4}{5} - \frac{1}{6} =$	(72) $\frac{7}{8} - \frac{2}{6} =$	(73) $\frac{4}{5} - \frac{3}{6} =$	(74) $\frac{5}{6} - \frac{2}{4} =$	(75) $\frac{6}{8} - \frac{4}{6} =$ ......
(76) $\frac{2}{3} - \frac{5}{8} =$	(77) $\frac{3}{4} - \frac{4}{8} =$	(78) $\frac{5}{6} - \frac{3}{5} =$	(79) $\frac{2}{6} - \frac{2}{8} =$	(80) $\frac{4}{5} - \frac{4}{6} =$ ......
(81) $\frac{2}{5} - \frac{3}{8} =$	(82) $\frac{2}{3} - \frac{3}{6} =$	(83) $\frac{5}{6} - \frac{3}{8} =$	(84) $\frac{2}{3} - \frac{2}{4} =$	(85) $\frac{5}{8} - \frac{4}{8} =$ ......

Q Calcule le produit des deux fractions dans chaque cas et donne le résultat sous la forme d'une fraction irréductible.

(1) $\frac{6}{13} \times \frac{4}{13} =$	(2) $\frac{2}{4} \times \frac{11}{14} =$	(3) $\frac{2}{6} \times \frac{5}{7} =$	(4) $\frac{6}{10} \times \frac{3}{6} =$ ....
(5) $\frac{5}{6} \times \frac{1}{2} =$	(6) $\frac{13}{14} \times \frac{1}{4} =$	(7) $\frac{5}{15} \times \frac{5}{9} =$	(8) $\frac{5}{7} \times \frac{1}{10} =$ ....
(9) $\frac{2}{3} \times \frac{8}{14} =$	(10) $\frac{1}{9} \times \frac{3}{11} =$	(11) $\frac{1}{11} \times \frac{2}{3} =$	(12) $\frac{3}{14} \times \frac{14}{15} =$ ....
(13) $\frac{6}{15} \times \frac{4}{10} =$	(14) $\frac{9}{10} \times \frac{1}{2} =$	(15) $\frac{1}{2} \times \frac{6}{7} =$	(16) $\frac{2}{3} \times \frac{4}{6} =$ ....
(17) $\frac{3}{6} \times \frac{2}{4} =$	(18) $\frac{4}{5} \times \frac{14}{15} =$	(19) $\frac{4}{12} \times \frac{4}{11} =$	(20) $\frac{3}{7} \times \frac{1}{7} =$ ....
(21) $\frac{2}{13} \times \frac{1}{8} =$	(22) $\frac{4}{6} \times \frac{2}{3} =$	(23) $\frac{2}{3} \times \frac{7}{13} =$	(24) $\frac{2}{10} \times \frac{1}{10} =$ ....
(25) $\frac{1}{8} \times \frac{8}{11} =$	(26) $\frac{11}{15} \times \frac{1}{2} =$	(27) $\frac{1}{2} \times \frac{4}{7} =$	(28) $\frac{1}{4} \times \frac{4}{5} =$ ....
(29) $\frac{2}{10} \times \frac{6}{9} =$	(30) $\frac{5}{14} \times \frac{11}{13} =$	(31) $\frac{7}{9} \times \frac{3}{4} =$	(32) $\frac{3}{6} \times \frac{1}{14} =$ ....
(33) $\frac{6}{7} \times \frac{2}{8} =$	(34) $\frac{8}{14} \times \frac{8}{9} =$	(35) $\frac{3}{5} \times \frac{2}{3} =$	(36) $\frac{7}{10} \times \frac{2}{6} =$ ....
(37) $\frac{1}{3} \times \frac{1}{10} =$	(38) $\frac{2}{13} \times \frac{1}{15} =$	(39) $\frac{1}{2} \times \frac{4}{10} =$	(40) $\frac{2}{5} \times \frac{3}{4} =$ ....
(41) $\frac{3}{10} \times \frac{11}{12} =$	(42) $\frac{2}{3} \times \frac{2}{6} =$	(43) $\frac{2}{13} \times \frac{1}{2} =$	(44) $\frac{2}{6} \times \frac{6}{7} =$ ....
(45) $\frac{1}{4} \times \frac{1}{11} =$	(46) $\frac{2}{3} \times \frac{1}{2} =$	(47) $\frac{11}{12} \times \frac{4}{7} =$	(48) $\frac{4}{13} \times \frac{1}{9} =$ ....
(49) $\frac{9}{14} \times \frac{8}{13} =$	(50) $\frac{6}{8} \times \frac{1}{3} =$	(51) $\frac{5}{6} \times \frac{5}{15} =$	(52) $\frac{3}{7} \times \frac{2}{4} =$ ....
(53) $\frac{1}{3} \times \frac{4}{8} =$	(54) $\frac{1}{2} \times \frac{5}{10} =$	(55) $\frac{6}{15} \times \frac{1}{2} =$	(56) $\frac{9}{11} \times \frac{2}{3} =$ ....
(57) $\frac{1}{5} \times \frac{7}{15} =$	(58) $\frac{4}{6} \times \frac{9}{12} =$	(59) $\frac{5}{12} \times \frac{1}{15} =$	(60) $\frac{7}{8} \times \frac{1}{10} =$ ....
(61) $\frac{7}{9} \times \frac{9}{13} =$	(62) $\frac{7}{10} \times \frac{8}{14} =$	(63) $\frac{11}{13} \times \frac{1}{9} =$	(64) $\frac{6}{15} \times \frac{5}{11} =$ ....
(65) $\frac{4}{5} \times \frac{1}{5} =$	(66) $\frac{2}{6} \times \frac{4}{14} =$	(67) $\frac{3}{6} \times \frac{1}{3} =$	(68) $\frac{11}{12} \times \frac{9}{10} =$ ....

R Calcule le produit des deux fractions dans chaque cas et donne le résultat sous la forme d'une fraction irréductible.

(1) $\frac{2}{12} \times 6 =$	(2) $\frac{1}{2} \times 3 =$	(3) $\frac{3}{14} \times 6 =$	(4) $\frac{1}{12} \times 2 =$	(5) $\frac{5}{7} \times 3 =$ ....
(6) $\frac{3}{4} \times 3 =$	(7) $\frac{8}{15} \times 6 =$	(8) $\frac{3}{5} \times 6 =$	(9) $\frac{10}{13} \times 1 =$	(10) $\frac{10}{14} \times 4 =$ ....
(11) $\frac{4}{7} \times 1 =$	(12) $\frac{3}{5} \times 3 =$	(13) $\frac{1}{11} \times 6 =$	(14) $\frac{1}{14} \times 5 =$	(15) $\frac{2}{3} \times 7 =$ ....
(16) $\frac{7}{10} \times 9 =$	(17) $\frac{7}{12} \times 2 =$	(18) $\frac{6}{8} \times 8 =$	(19) $\frac{14}{15} \times 1 =$	(20) $\frac{1}{3} \times 1 =$ ....
(21) $\frac{3}{10} \times 5 =$	(22) $\frac{1}{11} \times 3 =$	(23) $\frac{1}{7} \times 6 =$	(24) $\frac{9}{13} \times 7 =$	(25) $\frac{1}{4} \times 3 =$ ....
(26) $\frac{1}{2} \times 6 =$	(27) $\frac{3}{13} \times 9 =$	(28) $\frac{2}{9} \times 2 =$	(29) $\frac{1}{3} \times 5 =$	(30) $\frac{1}{6} \times 8 =$ ....
(31) $\frac{4}{8} \times 3 =$	(32) $\frac{4}{5} \times 1 =$	(33) $\frac{6}{12} \times 9 =$	(34) $\frac{4}{10} \times 4 =$	(35) $\frac{3}{6} \times 4 =$ ....
(36) $\frac{6}{12} \times 5 =$	(37) $\frac{3}{7} \times 4 =$	(38) $\frac{1}{8} \times 4 =$	(39) $\frac{5}{14} \times 7 =$	(40) $\frac{8}{11} \times 4 =$ ....
(41) $\frac{11}{14} \times 7 =$	(42) $\frac{3}{6} \times 4 =$	(43) $\frac{2}{5} \times 1 =$	(44) $\frac{5}{8} \times 7 =$	(45) $\frac{8}{15} \times 6 =$ ....
(46) $\frac{7}{9} \times 3 =$	(47) $\frac{1}{2} \times 3 =$	(48) $\frac{3}{9} \times 9 =$	(49) $\frac{3}{4} \times 6 =$	(50) $\frac{3}{7} \times 7 =$ ....
(51) $\frac{8}{15} \times 7 =$	(52) $\frac{4}{6} \times 6 =$	(53) $\frac{1}{10} \times 8 =$	(54) $\frac{5}{11} \times 7 =$	(55) $\frac{6}{8} \times 6 =$ ....
(56) $\frac{10}{14} \times 7 =$	(57) $\frac{4}{11} \times 2 =$	(58) $\frac{1}{2} \times 3 =$	(59) $\frac{4}{6} \times 2 =$	(60) $\frac{2}{3} \times 1 =$ ....
(61) $\frac{2}{5} \times 7 =$	(62) $\frac{8}{9} \times 5 =$	(63) $\frac{1}{2} \times 7 =$	(64) $\frac{2}{4} \times 3 =$	(65) $\frac{2}{5} \times 6 =$ ....
(66) $\frac{3}{8} \times 5 =$	(67) $\frac{2}{3} \times 1 =$	(68) $\frac{6}{10} \times 8 =$	(69) $\frac{1}{2} \times 1 =$	(70) $\frac{5}{11} \times 1 =$ ....
(71) $\frac{2}{3} \times 1 =$	(72) $\frac{1}{5} \times 5 =$	(73) $\frac{2}{9} \times 3 =$	(74) $\frac{1}{14} \times 6 =$	(75) $\frac{7}{8} \times 7 =$ ....
(76) $\frac{4}{6} \times 8 =$	(77) $\frac{10}{14} \times 2 =$	(78) $\frac{1}{9} \times 8 =$	(79) $\frac{4}{5} \times 3 =$	(80) $\frac{3}{8} \times 9 =$ ....

S Calcule le produit des deux fractions dans chaque cas et donne le résultat sous la forme d'une fraction irréductible.

(1) $15 \times \frac{2}{5} =$	(2) $17 \times \frac{7}{9} =$	(3) $2 \times \frac{1}{13} =$	(4) $3 \times \frac{1}{2} =$ ....
(5) $11 \times \frac{1}{8} =$	(6) $10 \times \frac{3}{4} =$	(7) $19 \times \frac{5}{12} =$	(8) $18 \times \frac{5}{14} =$ ....
(9) $6 \times \frac{7}{8} =$	(10) $18 \times \frac{3}{10} =$	(11) $4 \times \frac{2}{13} =$	(12) $14 \times \frac{1}{4} =$ ....
(13) $10 \times \frac{5}{6} =$	(14) $14 \times \frac{6}{7} =$	(15) $9 \times \frac{1}{5} =$	(16) $6 \times \frac{2}{4} =$ ....
(17) $2 \times \frac{1}{2} =$	(18) $6 \times \frac{5}{14} =$	(19) $1 \times \frac{4}{6} =$	(20) $20 \times \frac{6}{7} =$ ....
(21) $19 \times \frac{1}{12} =$	(22) $15 \times \frac{1}{15} =$	(23) $12 \times \frac{1}{15} =$	(24) $19 \times \frac{3}{4} =$ ....
(25) $2 \times \frac{1}{2} =$	(26) $10 \times \frac{1}{10} =$	(27) $3 \times \frac{8}{9} =$	(28) $5 \times \frac{4}{5} =$ ....
(29) $14 \times \frac{3}{11} =$	(30) $15 \times \frac{1}{2} =$	(31) $12 \times \frac{3}{6} =$	(32) $19 \times \frac{2}{6} =$ ....
(33) $19 \times \frac{5}{8} =$	(34) $3 \times \frac{4}{14} =$	(35) $13 \times \frac{5}{7} =$	(36) $15 \times \frac{2}{3} =$ ....
(37) $7 \times \frac{6}{15} =$	(38) $11 \times \frac{5}{9} =$	(39) $20 \times \frac{4}{9} =$	(40) $6 \times \frac{1}{13} =$ ....
(41) $17 \times \frac{4}{15} =$	(42) $6 \times \frac{6}{12} =$	(43) $10 \times \frac{2}{5} =$	(44) $14 \times \frac{2}{3} =$ ....
(45) $11 \times \frac{4}{14} =$	(46) $13 \times \frac{10}{15} =$	(47) $20 \times \frac{9}{14} =$	(48) $12 \times \frac{1}{2} =$ ....
(49) $9 \times \frac{4}{6} =$	(50) $18 \times \frac{1}{9} =$	(51) $19 \times \frac{3}{5} =$	(52) $11 \times \frac{7}{8} =$ ....
(53) $1 \times \frac{8}{11} =$	(54) $8 \times \frac{1}{4} =$	(55) $4 \times \frac{1}{5} =$	(56) $14 \times \frac{5}{6} =$ ....
(57) $6 \times \frac{1}{3} =$	(58) $16 \times \frac{1}{9} =$	(59) $7 \times \frac{5}{14} =$	(60) $6 \times \frac{3}{10} =$ ....
(61) $16 \times \frac{1}{5} =$	(62) $9 \times \frac{1}{2} =$	(63) $2 \times \frac{4}{6} =$	(64) $8 \times \frac{3}{8} =$ ....
(65) $18 \times \frac{2}{4} =$	(66) $13 \times \frac{7}{9} =$	(67) $20 \times \frac{1}{9} =$	(68) $18 \times \frac{9}{14} =$ ....

T Calcule le quotient des deux fractions dans chaque cas et donne le résultat sous la forme d'une fraction irréductible.

(1) $\frac{2}{3} \div \frac{1}{5} =$	(2) $\frac{6}{8} \div \frac{6}{8} =$	(3) $\frac{2}{6} \div \frac{2}{3} =$	(4) $\frac{1}{5} \div \frac{1}{4} =$	(5) $\frac{6}{8} \div \frac{2}{8} =$ .....
(6) $\frac{4}{6} \div \frac{1}{8} =$	(7) $\frac{6}{8} \div \frac{2}{3} =$	(8) $\frac{5}{6} \div \frac{1}{6} =$	(9) $\frac{1}{3} \div \frac{2}{4} =$	(10) $\frac{2}{4} \div \frac{1}{8} =$ .....
(11) $\frac{1}{5} \div \frac{3}{6} =$	(12) $\frac{2}{8} \div \frac{1}{4} =$	(13) $\frac{2}{3} \div \frac{2}{3} =$	(14) $\frac{2}{5} \div \frac{1}{3} =$	(15) $\frac{5}{6} \div \frac{3}{4} =$ .....
(16) $\frac{1}{8} \div \frac{2}{8} =$	(17) $\frac{4}{5} \div \frac{4}{6} =$	(18) $\frac{1}{4} \div \frac{2}{4} =$	(19) $\frac{5}{8} \div \frac{3}{8} =$	(20) $\frac{4}{6} \div \frac{1}{4} =$ .....
(21) $\frac{2}{5} \div \frac{3}{5} =$	(22) $\frac{3}{6} \div \frac{2}{6} =$	(23) $\frac{1}{3} \div \frac{2}{3} =$	(24) $\frac{2}{4} \div \frac{3}{5} =$	(25) $\frac{1}{5} \div \frac{2}{3} =$ .....
(26) $\frac{2}{3} \div \frac{1}{6} =$	(27) $\frac{4}{5} \div \frac{5}{8} =$	(28) $\frac{7}{8} \div \frac{2}{4} =$	(29) $\frac{1}{6} \div \frac{6}{8} =$	(30) $\frac{2}{8} \div \frac{1}{6} =$ .....
(31) $\frac{2}{6} \div \frac{3}{6} =$	(32) $\frac{1}{4} \div \frac{7}{8} =$	(33) $\frac{3}{8} \div \frac{1}{3} =$	(34) $\frac{3}{4} \div \frac{1}{5} =$	(35) $\frac{4}{5} \div \frac{4}{8} =$ .....
(36) $\frac{2}{8} \div \frac{2}{3} =$	(37) $\frac{2}{3} \div \frac{5}{6} =$	(38) $\frac{1}{4} \div \frac{1}{3} =$	(39) $\frac{5}{6} \div \frac{1}{4} =$	(40) $\frac{1}{3} \div \frac{7}{8} =$ .....
(41) $\frac{5}{6} \div \frac{1}{3} =$	(42) $\frac{4}{8} \div \frac{5}{6} =$	(43) $\frac{3}{6} \div \frac{1}{3} =$	(44) $\frac{2}{5} \div \frac{2}{3} =$	(45) $\frac{1}{3} \div \frac{2}{5} =$ .....
(46) $\frac{2}{8} \div \frac{5}{6} =$	(47) $\frac{3}{4} \div \frac{4}{8} =$	(48) $\frac{3}{5} \div \frac{3}{4} =$	(49) $\frac{3}{5} \div \frac{1}{4} =$	(50) $\frac{1}{4} \div \frac{2}{6} =$ .....
(51) $\frac{7}{8} \div \frac{1}{3} =$	(52) $\frac{1}{5} \div \frac{4}{5} =$	(53) $\frac{2}{6} \div \frac{3}{4} =$	(54) $\frac{4}{5} \div \frac{1}{5} =$	(55) $\frac{3}{6} \div \frac{1}{8} =$ .....
(56) $\frac{1}{8} \div \frac{2}{3} =$	(57) $\frac{2}{4} \div \frac{3}{4} =$	(58) $\frac{1}{3} \div \frac{4}{5} =$	(59) $\frac{1}{8} \div \frac{6}{8} =$	(60) $\frac{2}{4} \div \frac{1}{3} =$ .....
(61) $\frac{2}{3} \div \frac{2}{4} =$	(62) $\frac{4}{6} \div \frac{7}{8} =$	(63) $\frac{7}{8} \div \frac{5}{8} =$	(64) $\frac{4}{5} \div \frac{2}{6} =$	(65) $\frac{4}{6} \div \frac{1}{5} =$ .....
(66) $\frac{2}{5} \div \frac{3}{4} =$	(67) $\frac{2}{6} \div \frac{1}{6} =$	(68) $\frac{2}{3} \div \frac{1}{3} =$	(69) $\frac{7}{8} \div \frac{4}{5} =$	(70) $\frac{1}{6} \div \frac{7}{8} =$ .....
(71) $\frac{2}{3} \div \frac{1}{8} =$	(72) $\frac{3}{4} \div \frac{3}{6} =$	(73) $\frac{2}{4} \div \frac{5}{8} =$	(74) $\frac{4}{8} \div \frac{2}{5} =$	(75) $\frac{1}{6} \div \frac{2}{4} =$ .....
(76) $\frac{2}{6} \div \frac{3}{8} =$	(77) $\frac{3}{5} \div \frac{3}{6} =$	(78) $\frac{1}{3} \div \frac{1}{5} =$	(79) $\frac{2}{4} \div \frac{1}{6} =$	(80) $\frac{3}{4} \div \frac{7}{8} =$ .....
(81) $\frac{4}{6} \div \frac{4}{6} =$	(82) $\frac{3}{5} \div \frac{1}{3} =$	(83) $\frac{4}{5} \div \frac{3}{4} =$	(84) $\frac{2}{3} \div \frac{3}{6} =$	(85) $\frac{3}{4} \div \frac{1}{3} =$ .....

U Calcule le quotient des deux fractions dans chaque cas et donne le résultat sous la forme d'une fraction irréductible.

(1) $6 \div \frac{2}{3} =$	(2) $3 \div \frac{3}{8} =$	(3) $9 \div \frac{4}{5} =$	(4) $7 \div \frac{1}{4} =$	(5) $9 \div \frac{2}{5} =$ .....
(6) $7 \div \frac{2}{6} =$	(7) $5 \div \frac{3}{8} =$	(8) $8 \div \frac{2}{3} =$	(9) $7 \div \frac{2}{4} =$	(10) $4 \div \frac{2}{4} =$ .....
(11) $4 \div \frac{2}{8} =$	(12) $8 \div \frac{4}{5} =$	(13) $8 \div \frac{2}{6} =$	(14) $1 \div \frac{1}{8} =$	(15) $9 \div \frac{4}{8} =$ .....
(16) $2 \div \frac{4}{6} =$	(17) $2 \div \frac{3}{4} =$	(18) $1 \div \frac{1}{5} =$	(19) $2 \div \frac{3}{8} =$	(20) $4 \div \frac{4}{6} =$ .....
(21) $9 \div \frac{1}{4} =$	(22) $4 \div \frac{1}{5} =$	(23) $8 \div \frac{1}{3} =$	(24) $4 \div \frac{3}{4} =$	(25) $8 \div \frac{5}{6} =$ .....
(26) $3 \div \frac{2}{5} =$	(27) $1 \div \frac{1}{8} =$	(28) $7 \div \frac{1}{6} =$	(29) $5 \div \frac{1}{5} =$	(30) $1 \div \frac{1}{3} =$ .....
(31) $5 \div \frac{3}{5} =$	(32) $7 \div \frac{1}{4} =$	(33) $8 \div \frac{1}{6} =$	(34) $4 \div \frac{6}{8} =$	(35) $3 \div \frac{1}{4} =$ .....
(36) $2 \div \frac{1}{3} =$	(37) $4 \div \frac{4}{5} =$	(38) $6 \div \frac{1}{3} =$	(39) $1 \div \frac{7}{8} =$	(40) $9 \div \frac{2}{4} =$ .....
(41) $3 \div \frac{3}{5} =$	(42) $2 \div \frac{2}{6} =$	(43) $6 \div \frac{1}{3} =$	(44) $4 \div \frac{1}{4} =$	(45) $9 \div \frac{1}{6} =$ .....
(46) $8 \div \frac{3}{4} =$	(47) $2 \div \frac{1}{8} =$	(48) $6 \div \frac{2}{3} =$	(49) $9 \div \frac{3}{4} =$	(50) $2 \div \frac{3}{6} =$ .....
(51) $6 \div \frac{1}{5} =$	(52) $7 \div \frac{3}{5} =$	(53) $8 \div \frac{7}{8} =$	(54) $9 \div \frac{3}{6} =$	(55) $7 \div \frac{1}{3} =$ .....
(56) $7 \div \frac{1}{5} =$	(57) $5 \div \frac{1}{3} =$	(58) $6 \div \frac{3}{5} =$	(59) $5 \div \frac{2}{6} =$	(60) $7 \div \frac{1}{3} =$ .....
(61) $5 \div \frac{2}{4} =$	(62) $1 \div \frac{6}{8} =$	(63) $3 \div \frac{1}{5} =$	(64) $4 \div \frac{6}{8} =$	(65) $8 \div \frac{4}{6} =$ .....
(66) $3 \div \frac{2}{4} =$	(67) $3 \div \frac{7}{8} =$	(68) $7 \div \frac{2}{4} =$	(69) $9 \div \frac{2}{6} =$	(70) $3 \div \frac{1}{3} =$ .....
(71) $4 \div \frac{3}{5} =$	(72) $1 \div \frac{2}{3} =$	(73) $3 \div \frac{3}{5} =$	(74) $2 \div \frac{6}{8} =$	(75) $9 \div \frac{1}{8} =$ .....
(76) $5 \div \frac{1}{4} =$	(77) $9 \div \frac{3}{5} =$	(78) $6 \div \frac{2}{5} =$	(79) $8 \div \frac{5}{6} =$	(80) $3 \div \frac{3}{5} =$ .....
(81) $8 \div \frac{2}{3} =$	(82) $3 \div \frac{1}{4} =$	(83) $3 \div \frac{1}{5} =$	(84) $5 \div \frac{7}{8} =$	(85) $5 \div \frac{2}{4} =$ .....

V Calcule le quotient des deux fractions dans chaque cas et donne le résultat sous la forme d'une fraction irréductible.

(1) $\frac{2}{3} \div 3 =$	(2) $\frac{2}{4} \div 6 =$	(3) $\frac{2}{8} \div 7 =$	(4) $\frac{3}{5} \div 3 =$	(5) $\frac{4}{6} \div 1 =$ .....
(6) $\frac{2}{3} \div 5 =$	(7) $\frac{4}{6} \div 6 =$	(8) $\frac{3}{5} \div 7 =$	(9) $\frac{2}{4} \div 3 =$	(10) $\frac{6}{8} \div 4 =$ .....
(11) $\frac{2}{6} \div 1 =$	(12) $\frac{1}{3} \div 2 =$	(13) $\frac{1}{8} \div 6 =$	(14) $\frac{4}{5} \div 8 =$	(15) $\frac{3}{4} \div 5 =$ .....
(16) $\frac{1}{5} \div 1 =$	(17) $\frac{1}{4} \div 4 =$	(18) $\frac{4}{6} \div 5 =$	(19) $\frac{2}{3} \div 1 =$	(20) $\frac{3}{8} \div 5 =$ .....
(21) $\frac{2}{5} \div 8 =$	(22) $\frac{5}{6} \div 5 =$	(23) $\frac{2}{3} \div 7 =$	(24) $\frac{6}{8} \div 6 =$	(25) $\frac{1}{3} \div 1 =$ .....
(26) $\frac{7}{8} \div 3 =$	(27) $\frac{3}{6} \div 6 =$	(28) $\frac{1}{4} \div 1 =$	(29) $\frac{1}{6} \div 1 =$	(30) $\frac{2}{3} \div 4 =$ .....
(31) $\frac{1}{8} \div 3 =$	(32) $\frac{2}{4} \div 9 =$	(33) $\frac{4}{6} \div 8 =$	(34) $\frac{7}{8} \div 7 =$	(35) $\frac{3}{4} \div 9 =$ .....
(36) $\frac{3}{5} \div 4 =$	(37) $\frac{2}{3} \div 6 =$	(38) $\frac{5}{8} \div 9 =$	(39) $\frac{2}{6} \div 9 =$	(40) $\frac{3}{4} \div 4 =$ .....
(41) $\frac{1}{3} \div 9 =$	(42) $\frac{4}{8} \div 4 =$	(43) $\frac{4}{5} \div 2 =$	(44) $\frac{1}{4} \div 7 =$	(45) $\frac{3}{6} \div 3 =$ .....
(46) $\frac{7}{8} \div 4 =$	(47) $\frac{2}{5} \div 1 =$	(48) $\frac{5}{6} \div 4 =$	(49) $\frac{3}{4} \div 6 =$	(50) $\frac{2}{3} \div 2 =$ .....
(51) $\frac{5}{8} \div 2 =$	(52) $\frac{4}{5} \div 9 =$	(53) $\frac{2}{5} \div 3 =$	(54) $\frac{3}{4} \div 8 =$	(55) $\frac{4}{6} \div 3 =$ .....
(56) $\frac{2}{4} \div 1 =$	(57) $\frac{1}{5} \div 8 =$	(58) $\frac{1}{8} \div 4 =$	(59) $\frac{2}{8} \div 3 =$	(60) $\frac{2}{4} \div 7 =$ .....
(61) $\frac{4}{6} \div 4 =$	(62) $\frac{2}{5} \div 9 =$	(63) $\frac{2}{8} \div 8 =$	(64) $\frac{1}{6} \div 3 =$	(65) $\frac{3}{4} \div 3 =$ .....
(66) $\frac{3}{5} \div 5 =$	(67) $\frac{5}{6} \div 1 =$	(68) $\frac{2}{3} \div 9 =$	(69) $\frac{3}{8} \div 3 =$	(70) $\frac{1}{5} \div 9 =$ .....
(71) $\frac{1}{4} \div 8 =$	(72) $\frac{1}{3} \div 7 =$	(73) $\frac{4}{8} \div 9 =$	(74) $\frac{4}{5} \div 7 =$	(75) $\frac{1}{5} \div 7 =$ .....
(76) $\frac{2}{6} \div 5 =$	(77) $\frac{6}{8} \div 1 =$	(78) $\frac{2}{8} \div 9 =$	(79) $\frac{1}{5} \div 2 =$	(80) $\frac{1}{8} \div 8 =$ .....
(81) $\frac{3}{4} \div 1 =$	(82) $\frac{7}{8} \div 1 =$	(83) $\frac{2}{6} \div 3 =$	(84) $\frac{2}{4} \div 4 =$	(85) $\frac{1}{5} \div 4 =$ .....

W Convertis

(1) $3\frac{1}{6} =$	(2) $9\frac{2}{3} =$	(3) $3\frac{4}{5} =$	(4) $7\frac{2}{3} =$	(5) $1\frac{2}{6} =$ ....
(6) $8\frac{6}{8} =$	(7) $8\frac{1}{6} =$	(8) $5\frac{2}{3} =$	(9) $1\frac{2}{5} =$	(10) $5\frac{7}{8} =$ ....
(11) $8\frac{3}{4} =$	(12) $8\frac{2}{5} =$	(13) $3\frac{1}{3} =$	(14) $3\frac{2}{5} =$	(15) $9\frac{4}{8} =$ ....
(16) $6\frac{1}{6} =$	(17) $3\frac{5}{8} =$	(18) $3\frac{2}{4} =$	(19) $6\frac{5}{6} =$	(20) $7\frac{3}{4} =$ ....
(21) $5\frac{4}{8} =$	(22) $3\frac{1}{4} =$	(23) $1\frac{2}{3} =$	(24) $6\frac{6}{8} =$	(25) $6\frac{2}{5} =$ ....
(26) $6\frac{1}{4} =$	(27) $9\frac{3}{8} =$	(28) $3\frac{2}{3} =$	(29) $6\frac{4}{5} =$	(30) $6\frac{1}{5} =$ ....
(31) $7\frac{4}{8} =$	(32) $5\frac{1}{4} =$	(33) $8\frac{1}{3} =$	(34) $9\frac{1}{4} =$	(35) $6\frac{3}{6} =$ ....
(36) $9\frac{3}{4} =$	(37) $5\frac{3}{8} =$	(38) $1\frac{1}{6} =$	(39) $3\frac{3}{5} =$	(40) $8\frac{1}{4} =$ ....
(41) $9\frac{1}{3} =$	(42) $4\frac{2}{6} =$	(43) $8\frac{4}{5} =$	(44) $1\frac{7}{8} =$	(45) $4\frac{2}{3} =$ ....
(46) $9\frac{2}{4} =$	(47) $6\frac{7}{8} =$	(48) $9\frac{2}{5} =$	(49) $7\frac{1}{4} =$	(50) $1\frac{1}{3} =$ ....
(51) $4\frac{5}{8} =$	(52) $5\frac{2}{6} =$	(53) $5\frac{1}{3} =$	(54) $4\frac{3}{4} =$	(55) $1\frac{2}{8} =$ ....
(56) $6\frac{3}{5} =$	(57) $5\frac{5}{8} =$	(58) $6\frac{2}{6} =$	(59) $3\frac{4}{8} =$	(60) $3\frac{4}{6} =$ ....
(61) $1\frac{2}{4} =$	(62) $4\frac{4}{6} =$	(63) $5\frac{1}{8} =$	(64) $1\frac{6}{8} =$	(65) $4\frac{2}{4} =$ ....
(66) $5\frac{5}{6} =$	(67) $9\frac{2}{8} =$	(68) $5\frac{1}{6} =$	(69) $1\frac{5}{8} =$	(70) $7\frac{7}{8} =$ ....
(71) $7\frac{4}{5} =$	(72) $8\frac{2}{3} =$	(73) $1\frac{5}{6} =$	(74) $8\frac{1}{5} =$	(75) $9\frac{3}{5} =$ ....
(76) $3\frac{6}{8} =$	(77) $9\frac{6}{8} =$	(78) $4\frac{4}{8} =$	(79) $6\frac{3}{4} =$	(80) $2\frac{3}{4} =$ ....

X Convertis

(1) $\frac{50}{6}$ = ...	(2) $\frac{49}{8}$ = ...	(3) $\frac{5}{4}$ = ...	(4) $\frac{23}{4}$ = ...	(5) $\frac{51}{6}$ = ...
(6) $\frac{25}{3}$ = ...	(7) $\frac{61}{8}$ = ...	(8) $\frac{25}{4}$ = ...	(9) $\frac{37}{6}$ = ...	(10) $\frac{10}{3}$ = ...
(11) $\frac{26}{4}$ = ...	(12) $\frac{49}{6}$ = ...	(13) $\frac{23}{5}$ = ...	(14) $\frac{11}{3}$ = ...	(15) $\frac{55}{6}$ = ...
(16) $\frac{17}{4}$ = ...	(17) $\frac{26}{6}$ = ...	(18) $\frac{21}{8}$ = ...	(19) $\frac{41}{6}$ = ...	(20) $\frac{23}{3}$ = ...
(21) $\frac{31}{4}$ = ...	(22) $\frac{8}{5}$ = ...	(23) $\frac{16}{3}$ = ...	(24) $\frac{50}{8}$ = ...	(25) $\frac{73}{8}$ = ...
(26) $\frac{11}{4}$ = ...	(27) $\frac{57}{6}$ = ...	(28) $\frac{17}{3}$ = ...	(29) $\frac{60}{8}$ = ...	(30) $\frac{68}{8}$ = ...
(31) $\frac{43}{5}$ = ...	(32) $\frac{16}{6}$ = ...	(33) $\frac{45}{6}$ = ...	(34) $\frac{39}{6}$ = ...	(35) $\frac{16}{5}$ = ...
(36) $\frac{46}{8}$ = ...	(37) $\frac{29}{3}$ = ...	(38) $\frac{7}{4}$ = ...	(39) $\frac{7}{5}$ = ...	(40) $\frac{69}{8}$ = ...
(41) $\frac{19}{5}$ = ...	(42) $\frac{7}{3}$ = ...	(43) $\frac{20}{6}$ = ...	(44) $\frac{21}{5}$ = ...	(45) $\frac{6}{5}$ = ...
(46) $\frac{51}{8}$ = ...	(47) $\frac{63}{8}$ = ...	(48) $\frac{27}{5}$ = ...	(49) $\frac{33}{4}$ = ...	(50) $\frac{22}{3}$ = ...
(51) $\frac{17}{8}$ = ...	(52) $\frac{34}{5}$ = ...	(53) $\frac{34}{4}$ = ...	(54) $\frac{22}{4}$ = ...	(55) $\frac{13}{6}$ = ...
(56) $\frac{52}{6}$ = ...	(57) $\frac{29}{8}$ = ...	(58) $\frac{19}{4}$ = ...	(59) $\frac{33}{8}$ = ...	(60) $\frac{49}{5}$ = ...
(61) $\frac{22}{5}$ = ...	(62) $\frac{56}{6}$ = ...	(63) $\frac{5}{3}$ = ...	(64) $\frac{38}{8}$ = ...	(65) $\frac{34}{6}$ = ...
(66) $\frac{23}{8}$ = ...	(67) $\frac{34}{8}$ = ...	(68) $\frac{41}{5}$ = ...	(69) $\frac{29}{4}$ = ...	(70) $\frac{13}{5}$ = ...
(71) $\frac{74}{8}$ = ...	(72) $\frac{11}{8}$ = ...	(73) $\frac{37}{5}$ = ...	(74) $\frac{32}{5}$ = ...	(75) $\frac{15}{6}$ = ...
(76) $\frac{62}{8}$ = ...	(77) $\frac{28}{3}$ = ...	(78) $\frac{38}{5}$ = ...	(79) $\frac{27}{8}$ = ...	(80) $\frac{9}{5}$ = ...

Y Convertis

(1) $\frac{94}{12}$ = ... (2) $\frac{11}{6}$ = ... (3) $\frac{28}{8}$ = ... (4) $8\frac{3}{8}$ = ... (5) $2\frac{4}{6}$ = ...

(6) $4\frac{3}{6}$ = ... (7) $\frac{88}{12}$ = ... (8) $1\frac{3}{16}$ = ... (9) $1\frac{4}{6}$ = ... (10) $\frac{33}{16}$ = ...

(11) $8\frac{6}{8}$ = ... (12) $7\frac{2}{10}$ = ... (13) $3\frac{7}{16}$ = ... (14) $\frac{51}{6}$ = ... (15) $\frac{65}{16}$ = ...

(16) $\frac{15}{10}$ = ... (17) $7\frac{13}{16}$ = ... (18) $2\frac{3}{6}$ = ... (19) $\frac{38}{6}$ = ... (20) $3\frac{2}{12}$ = ...

(21) $\frac{14}{12}$ = ... (22) $3\frac{1}{6}$ = ... (23) $4\frac{9}{16}$ = ... (24) $9\frac{15}{16}$ = ... (25) $1\frac{1}{8}$ = ...

(26) $2\frac{14}{16}$ = ... (27) $7\frac{5}{12}$ = ... (28) $\frac{49}{10}$ = ... (29) $\frac{29}{10}$ = ... (30) $\frac{82}{12}$ = ...

(31) $\frac{58}{8}$ = ... (32) $9\frac{3}{16}$ = ... (33) $\frac{63}{8}$ = ... (34) $2\frac{9}{16}$ = ... (35) $\frac{54}{8}$ = ...

(36) $5\frac{11}{12}$ = ... (37) $\frac{154}{16}$ = ... (38) $\frac{67}{12}$ = ... (39) $\frac{123}{16}$ = ... (40) $4\frac{8}{10}$ = ...

(41) $5\frac{6}{16}$ = ... (42) $9\frac{2}{8}$ = ... (43) $\frac{101}{12}$ = ... (44) $4\frac{3}{8}$ = ... (45) $3\frac{8}{12}$ = ...

(46) $6\frac{4}{8}$ = ... (47) $5\frac{8}{10}$ = ... (48) $\frac{51}{16}$ = ... (49) $\frac{73}{8}$ = ... (50) $\frac{102}{12}$ = ...

(51) $\frac{32}{6}$ = ... (52) $5\frac{4}{6}$ = ... (53) $4\frac{6}{8}$ = ... (54) $\frac{45}{10}$ = ... (55) $\frac{35}{12}$ = ...

(56) $5\frac{14}{16}$ = ... (57) $7\frac{3}{6}$ = ... (58) $\frac{39}{16}$ = ... (59) $\frac{21}{16}$ = ... (60) $\frac{35}{6}$ = ...

(61) $3\frac{11}{12}$ = ... (62) $\frac{25}{12}$ = ... (63) $5\frac{2}{10}$ = ... (64) $\frac{52}{12}$ = ... (65) $1\frac{2}{6}$ = ...

(66) $9\frac{1}{12}$ = ... (67) $8\frac{9}{16}$ = ... (68) $\frac{43}{6}$ = ... (69) $\frac{96}{10}$ = ... (70) $9\frac{9}{12}$ = ...

(71) $5\frac{8}{12}$ = ... (72) $\frac{26}{10}$ = ... (73) $\frac{146}{16}$ = ... (74) $4\frac{5}{8}$ = ... (75) $\frac{127}{16}$ = ...

(76) $2\frac{7}{12}$ = ... (77) $\frac{33}{10}$ = ... (78) $4\frac{1}{12}$ = ... (79) $\frac{29}{6}$ = ... (80) $2\frac{2}{10}$ = ...

(81) $9\frac{7}{12}$ = ... (82) $7\frac{4}{6}$ = ... (83) $\frac{57}{8}$ = ... (84) $3\frac{6}{8}$ = ... (85) $\frac{95}{10}$ = ...

Z Convertis

(1) $8\frac{16}{18} =$	(2) $4\frac{17}{24} =$	(3) $2\frac{7}{9} =$	(4) $8\frac{2}{24} =$	(5) $1\frac{3}{12} =$ ......
(6) $9\frac{5}{9} =$	(7) $2\frac{5}{18} =$	(8) $1\frac{2}{12} =$	(9) $7\frac{4}{24} =$	(10) $6\frac{7}{15} =$ ......
(11) $2\frac{12}{15} =$	(12) $1\frac{2}{9} =$	(13) $5\frac{14}{18} =$	(14) $6\frac{9}{15} =$	(15) $3\frac{4}{9} =$ ....
(16) $7\frac{11}{15} =$	(17) $1\frac{1}{12} =$	(18) $8\frac{12}{24} =$	(19) $7\frac{9}{15} =$	(20) $7\frac{2}{18} =$ ......
(21) $5\frac{7}{9} =$	(22) $2\frac{9}{15} =$	(23) $1\frac{20}{24} =$	(24) $1\frac{2}{18} =$	(25) $8\frac{7}{9} =$ ....
(26) $3\frac{17}{18} =$	(27) $8\frac{2}{9} =$	(28) $6\frac{9}{24} =$	(29) $3\frac{2}{15} =$	(30) $5\frac{10}{24} =$ ......
(31) $9\frac{13}{24} =$	(32) $9\frac{7}{18} =$	(33) $2\frac{1}{12} =$	(34) $3\frac{2}{9} =$	(35) $5\frac{14}{15} =$ ......
(36) $7\frac{1}{15} =$	(37) $3\frac{2}{12} =$	(38) $7\frac{6}{15} =$	(39) $7\frac{9}{12} =$	(40) $6\frac{4}{18} =$ ......
(41) $6\frac{21}{24} =$	(42) $4\frac{3}{15} =$	(43) $2\frac{5}{9} =$	(44) $9\frac{4}{12} =$	(45) $3\frac{8}{12} =$ ......
(46) $6\frac{3}{18} =$	(47) $9\frac{6}{9} =$	(48) $7\frac{8}{12} =$	(49) $1\frac{3}{24} =$	(50) $5\frac{13}{15} =$ ......
(51) $6\frac{14}{18} =$	(52) $6\frac{16}{24} =$	(53) $3\frac{1}{12} =$	(54) $6\frac{8}{9} =$	(55) $4\frac{8}{12} =$ ......
(56) $8\frac{11}{15} =$	(57) $8\frac{1}{9} =$	(58) $9\frac{11}{12} =$	(59) $8\frac{12}{18} =$	(60) $6\frac{1}{9} =$ ....
(61) $4\frac{4}{24} =$	(62) $3\frac{3}{9} =$	(63) $8\frac{1}{12} =$	(64) $4\frac{5}{9} =$	(65) $3\frac{12}{18} =$ ......
(66) $5\frac{10}{12} =$	(67) $8\frac{3}{15} =$	(68) $5\frac{10}{18} =$	(69) $4\frac{10}{12} =$	(70) $3\frac{13}{15} =$ ......
(71) $8\frac{8}{12} =$	(72) $3\frac{15}{18} =$	(73) $6\frac{6}{12} =$	(74) $2\frac{1}{15} =$	(75) $8\frac{4}{9} =$ ....
(76) $5\frac{23}{24} =$	(77) $5\frac{2}{12} =$	(78) $2\frac{1}{9} =$	(79) $2\frac{18}{24} =$	(80) $5\frac{5}{18} =$ ......
(81) $3\frac{5}{12} =$	(82) $4\frac{2}{9} =$	(83) $7\frac{13}{24} =$	(84) $8\frac{1}{15} =$	(85) $5\frac{2}{9} =$ ....

AA Calcule

(1) $4\frac{6}{8} + 1\frac{1}{3} =$	(2) $4\frac{6}{8} + 1\frac{3}{5} =$	(3) $7\frac{3}{4} + 8\frac{1}{6} =$	(4) $1\frac{1}{3} + 2\frac{3}{4} =$ ......
(5) $1\frac{7}{8} + 7\frac{1}{3} =$	(6) $7\frac{1}{6} + 6\frac{2}{5} =$	(7) $7\frac{3}{6} + 9\frac{3}{5} =$	(8) $8\frac{3}{4} + 4\frac{1}{3} =$ ......
(9) $4\frac{1}{8} + 5\frac{5}{6} =$	(10) $9\frac{2}{8} + 8\frac{2}{5} =$	(11) $1\frac{2}{3} + 2\frac{1}{4} =$	(12) $4\frac{1}{8} + 5\frac{1}{6} =$ ......
(13) $4\frac{4}{5} + 8\frac{3}{4} =$	(14) $8\frac{1}{3} + 2\frac{2}{3} =$	(15) $9\frac{3}{6} + 5\frac{2}{5} =$	(16) $5\frac{3}{4} + 1\frac{2}{8} =$ ......
(17) $1\frac{4}{6} + 8\frac{3}{5} =$	(18) $2\frac{6}{8} + 2\frac{1}{4} =$	(19) $5\frac{1}{3} + 6\frac{2}{4} =$	(20) $9\frac{7}{8} + 1\frac{1}{3} =$ ......
(21) $8\frac{2}{6} + 4\frac{1}{5} =$	(22) $5\frac{1}{3} + 8\frac{2}{5} =$	(23) $2\frac{3}{4} + 3\frac{3}{6} =$	(24) $3\frac{6}{8} + 7\frac{5}{6} =$ ......
(25) $4\frac{1}{8} + 5\frac{2}{4} =$	(26) $7\frac{2}{3} + 5\frac{2}{5} =$	(27) $1\frac{2}{6} + 7\frac{2}{8} =$	(28) $1\frac{3}{4} + 8\frac{2}{3} =$ ......
(29) $7\frac{3}{5} + 3\frac{1}{3} =$	(30) $8\frac{6}{8} + 7\frac{1}{5} =$	(31) $6\frac{2}{4} + 5\frac{5}{6} =$	(32) $2\frac{1}{6} + 3\frac{2}{3} =$ ......
(33) $8\frac{2}{8} + 1\frac{2}{5} =$	(34) $9\frac{2}{4} + 3\frac{1}{3} =$	(35) $5\frac{1}{8} + 9\frac{4}{6} =$	(36) $5\frac{1}{5} + 9\frac{2}{4} =$ ......
(37) $5\frac{4}{6} + 1\frac{4}{5} =$	(38) $2\frac{1}{3} + 6\frac{2}{4} =$	(39) $7\frac{7}{8} + 9\frac{2}{5} =$	(40) $1\frac{1}{8} + 9\frac{2}{3} =$ ......
(41) $7\frac{3}{6} + 5\frac{1}{4} =$	(42) $6\frac{1}{4} + 3\frac{1}{3} =$	(43) $7\frac{4}{6} + 3\frac{4}{5} =$	(44) $7\frac{5}{8} + 9\frac{4}{6} =$ ......
(45) $3\frac{1}{3} + 1\frac{1}{5} =$	(46) $5\frac{5}{8} + 1\frac{1}{4} =$	(47) $9\frac{3}{4} + 5\frac{1}{6} =$	(48) $4\frac{1}{3} + 3\frac{3}{5} =$ ......
(49) $8\frac{1}{8} + 3\frac{2}{3} =$	(50) $5\frac{4}{6} + 2\frac{2}{5} =$	(51) $9\frac{3}{8} + 4\frac{3}{4} =$	(52) $9\frac{6}{8} + 2\frac{2}{3} =$ ......
(53) $3\frac{3}{4} + 2\frac{1}{6} =$	(54) $6\frac{1}{5} + 9\frac{3}{4} =$	(55) $9\frac{1}{8} + 2\frac{1}{5} =$	(56) $5\frac{1}{6} + 1\frac{1}{3} =$ ......
(57) $9\frac{1}{4} + 2\frac{3}{6} =$	(58) $8\frac{1}{5} + 6\frac{2}{8} =$	(59) $4\frac{1}{3} + 1\frac{1}{6} =$	(60) $7\frac{2}{5} + 7\frac{3}{4} =$ ......
(61) $7\frac{6}{8} + 1\frac{1}{3} =$	(62) $4\frac{7}{8} + 3\frac{3}{4} =$	(63) $1\frac{1}{3} + 4\frac{2}{5} =$	(64) $1\frac{3}{4} + 6\frac{4}{5} =$ ......
(65) $4\frac{5}{6} + 9\frac{6}{8} =$	(66) $1\frac{2}{3} + 4\frac{2}{4} =$	(67) $1\frac{5}{8} + 7\frac{2}{5} =$	(68) $7\frac{5}{6} + 1\frac{1}{3} =$ ......

BB Calcule

(1) $4\frac{7}{8} - 1\frac{3}{6} =$	(2) $7\frac{3}{8} - 5\frac{1}{4} =$	(3) $6\frac{1}{3} - 1\frac{4}{5} =$	(4) $9\frac{4}{6} - 8\frac{2}{3} =$ ....
(5) $7\frac{1}{4} - 5\frac{5}{8} =$	(6) $8\frac{4}{5} - 6\frac{5}{6} =$	(7) $6\frac{1}{4} - 5\frac{2}{8} =$	(8) $8\frac{4}{5} - 2\frac{1}{3} =$ ....
(9) $9\frac{3}{4} - 6\frac{5}{8} =$	(10) $6\frac{2}{3} - 3\frac{1}{5} =$	(11) $9\frac{1}{6} - 8\frac{2}{3} =$	(12) $8\frac{2}{5} - 7\frac{7}{8} =$ ....
(13) $8\frac{1}{4} - 4\frac{5}{6} =$	(14) $7\frac{5}{8} - 6\frac{1}{4} =$	(15) $7\frac{1}{3} - 6\frac{5}{6} =$	(16) $9\frac{3}{5} - 8\frac{1}{3} =$ ....
(17) $5\frac{4}{5} - 2\frac{5}{6} =$	(18) $7\frac{7}{8} - 5\frac{3}{4} =$	(19) $9\frac{1}{4} - 8\frac{1}{8} =$	(20) $6\frac{4}{6} - 3\frac{2}{5} =$ ....
(21) $9\frac{2}{3} - 7\frac{1}{3} =$	(22) $4\frac{1}{5} - 1\frac{3}{6} =$	(23) $6\frac{5}{8} - 5\frac{3}{4} =$	(24) $9\frac{2}{6} - 8\frac{2}{8} =$ ....
(25) $9\frac{1}{5} - 4\frac{2}{4} =$	(26) $9\frac{2}{3} - 8\frac{3}{5} =$	(27) $9\frac{2}{3} - 1\frac{1}{8} =$	(28) $7\frac{3}{4} - 1\frac{4}{6} =$ ....
(29) $7\frac{1}{5} - 3\frac{7}{8} =$	(30) $9\frac{1}{3} - 7\frac{1}{4} =$	(31) $8\frac{1}{6} - 7\frac{3}{4} =$	(32) $9\frac{7}{8} - 7\frac{1}{3} =$ ....
(33) $8\frac{2}{5} - 7\frac{2}{6} =$	(34) $5\frac{3}{4} - 3\frac{2}{8} =$	(35) $5\frac{1}{6} - 2\frac{2}{3} =$	(36) $4\frac{4}{5} - 1\frac{3}{5} =$ ....
(37) $8\frac{1}{3} - 7\frac{3}{4} =$	(38) $6\frac{3}{6} - 3\frac{6}{8} =$	(39) $7\frac{3}{6} - 2\frac{4}{5} =$	(40) $9\frac{2}{3} - 8\frac{1}{4} =$ ....
(41) $8\frac{3}{8} - 5\frac{1}{8} =$	(42) $6\frac{1}{4} - 4\frac{2}{6} =$	(43) $7\frac{2}{3} - 1\frac{2}{5} =$	(44) $3\frac{5}{8} - 2\frac{3}{4} =$ ....
(45) $2\frac{2}{3} - 1\frac{3}{6} =$	(46) $4\frac{2}{5} - 4\frac{1}{4} =$	(47) $6\frac{4}{6} - 5\frac{4}{5} =$	(48) $3\frac{2}{3} - 2\frac{4}{8} =$ ....
(49) $8\frac{1}{4} - 7\frac{2}{3} =$	(50) $4\frac{3}{6} - 1\frac{1}{5} =$	(51) $8\frac{7}{8} - 6\frac{1}{8} =$	(52) $9\frac{2}{3} - 5\frac{3}{6} =$ ....
(53) $9\frac{3}{4} - 6\frac{2}{5} =$	(54) $8\frac{2}{4} - 7\frac{2}{3} =$	(55) $9\frac{2}{8} - 1\frac{2}{6} =$	(56) $9\frac{2}{5} - 4\frac{7}{8} =$ ....
(57) $9\frac{2}{5} - 8\frac{2}{3} =$	(58) $6\frac{5}{6} - 3\frac{2}{4} =$	(59) $6\frac{3}{8} - 4\frac{3}{4} =$	(60) $9\frac{2}{6} - 8\frac{2}{5} =$ ....
(61) $8\frac{1}{3} - 4\frac{5}{6} =$	(62) $9\frac{2}{8} - 8\frac{2}{3} =$	(63) $3\frac{1}{5} - 2\frac{2}{4} =$	(64) $9\frac{1}{8} - 6\frac{2}{5} =$ ....
(65) $7\frac{4}{6} - 2\frac{1}{3} =$	(66) $7\frac{2}{4} - 6\frac{4}{5} =$	(67) $7\frac{1}{4} - 3\frac{2}{3} =$	(68) $9\frac{2}{6} - 8\frac{4}{8} =$ ....

CC Calcule

(1) $4\frac{1}{4} \times 6\frac{3}{6} =$	(2) $5\frac{3}{5} \times 5\frac{7}{8} =$	(3) $6\frac{1}{4} \times 1\frac{5}{6} =$	(4) $4\frac{3}{5} \times 8\frac{5}{8} =$ ......
(5) $9\frac{1}{3} \times 4\frac{2}{3} =$	(6) $1\frac{1}{4} \times 5\frac{3}{8} =$	(7) $3\frac{2}{5} \times 1\frac{5}{6} =$	(8) $8\frac{1}{3} \times 7\frac{2}{8} =$ ......
(9) $3\frac{4}{5} \times 1\frac{2}{4} =$	(10) $5\frac{4}{6} \times 6\frac{3}{4} =$	(11) $5\frac{1}{6} \times 4\frac{1}{5} =$	(12) $8\frac{2}{3} \times 2\frac{1}{3} =$ ......
(13) $6\frac{7}{8} \times 3\frac{4}{5} =$	(14) $7\frac{1}{6} \times 4\frac{3}{4} =$	(15) $5\frac{2}{8} \times 8\frac{2}{4} =$	(16) $2\frac{1}{6} \times 9\frac{4}{5} =$ ......
(17) $6\frac{2}{3} \times 9\frac{1}{4} =$	(18) $9\frac{1}{3} \times 9\frac{2}{6} =$	(19) $7\frac{2}{8} \times 5\frac{3}{5} =$	(20) $5\frac{2}{4} \times 1\frac{1}{6} =$ ......
(21) $5\frac{2}{8} \times 3\frac{2}{3} =$	(22) $7\frac{3}{5} \times 6\frac{3}{4} =$	(23) $1\frac{1}{8} \times 1\frac{4}{6} =$	(24) $4\frac{2}{3} \times 4\frac{3}{5} =$ ......
(25) $3\frac{2}{4} \times 2\frac{2}{3} =$	(26) $6\frac{1}{5} \times 3\frac{4}{6} =$	(27) $1\frac{1}{8} \times 6\frac{2}{8} =$	(28) $2\frac{2}{6} \times 4\frac{2}{5} =$ ......
(29) $4\frac{3}{4} \times 1\frac{2}{3} =$	(30) $7\frac{1}{5} \times 5\frac{1}{3} =$	(31) $5\frac{2}{8} \times 7\frac{5}{6} =$	(32) $8\frac{3}{4} \times 5\frac{1}{3} =$ ......
(33) $7\frac{2}{4} \times 6\frac{2}{5} =$	(34) $7\frac{3}{6} \times 6\frac{2}{8} =$	(35) $2\frac{4}{8} \times 6\frac{1}{6} =$	(36) $5\frac{3}{5} \times 3\frac{3}{4} =$ ......
(37) $7\frac{1}{3} \times 7\frac{1}{3} =$	(38) $5\frac{5}{6} \times 8\frac{3}{5} =$	(39) $1\frac{3}{8} \times 4\frac{3}{4} =$	(40) $1\frac{3}{4} \times 3\frac{5}{8} =$ ......
(41) $6\frac{3}{6} \times 7\frac{2}{3} =$	(42) $9\frac{3}{5} \times 2\frac{4}{6} =$	(43) $5\frac{2}{3} \times 6\frac{1}{5} =$	(44) $1\frac{2}{4} \times 9\frac{2}{8} =$ ......
(45) $9\frac{1}{5} \times 5\frac{1}{4} =$	(46) $3\frac{6}{8} \times 6\frac{5}{6} =$	(47) $6\frac{1}{3} \times 7\frac{1}{3} =$	(48) $3\frac{2}{8} \times 6\frac{3}{4} =$ ......
(49) $8\frac{3}{6} \times 9\frac{3}{5} =$	(50) $8\frac{2}{3} \times 2\frac{4}{8} =$	(51) $1\frac{4}{5} \times 6\frac{3}{4} =$	(52) $1\frac{4}{6} \times 8\frac{1}{4} =$ ......
(53) $8\frac{4}{5} \times 3\frac{2}{3} =$	(54) $1\frac{2}{6} \times 6\frac{7}{8} =$	(55) $9\frac{2}{3} \times 6\frac{1}{4} =$	(56) $9\frac{4}{8} \times 4\frac{4}{5} =$ ......
(57) $4\frac{2}{6} \times 9\frac{1}{6} =$	(58) $4\frac{2}{4} \times 7\frac{4}{5} =$	(59) $7\frac{1}{3} \times 6\frac{5}{8} =$	(60) $8\frac{6}{8} \times 9\frac{4}{5} =$ ......
(61) $2\frac{1}{3} \times 1\frac{5}{6} =$	(62) $7\frac{3}{4} \times 5\frac{1}{5} =$	(63) $5\frac{6}{8} \times 6\frac{2}{6} =$	(64) $2\frac{2}{4} \times 6\frac{2}{3} =$ ......
(65) $1\frac{2}{4} \times 9\frac{1}{6} =$	(66) $6\frac{5}{8} \times 5\frac{1}{3} =$	(67) $9\frac{4}{5} \times 1\frac{2}{5} =$	(68) $5\frac{1}{4} \times 7\frac{1}{8} =$ ......

DD Calcule

(1) $4\frac{2}{8} \div 4\frac{1}{3} =$	(2) $6\frac{2}{4} \div 2\frac{2}{6} =$	(3) $2\frac{2}{5} \div 6\frac{7}{8} =$	(4) $7\frac{2}{3} \div 3\frac{3}{6} =$ ......
(5) $2\frac{1}{4} \div 8\frac{1}{3} =$	(6) $8\frac{1}{8} \div 2\frac{1}{6} =$	(7) $5\frac{3}{5} \div 9\frac{1}{4} =$	(8) $5\frac{2}{6} \div 5\frac{3}{4} =$ ......
(9) $8\frac{1}{5} \div 8\frac{7}{8} =$	(10) $6\frac{1}{3} \div 1\frac{5}{8} =$	(11) $4\frac{2}{5} \div 8\frac{3}{6} =$	(12) $2\frac{3}{4} \div 8\frac{1}{3} =$ ......
(13) $9\frac{4}{6} \div 9\frac{2}{4} =$	(14) $4\frac{3}{5} \div 6\frac{2}{8} =$	(15) $3\frac{2}{3} \div 1\frac{3}{5} =$	(16) $6\frac{2}{3} \div 3\frac{4}{6} =$ ......
(17) $4\frac{1}{8} \div 4\frac{3}{4} =$	(18) $2\frac{5}{6} \div 7\frac{1}{4} =$	(19) $5\frac{5}{8} \div 7\frac{2}{3} =$	(20) $7\frac{4}{5} \div 7\frac{2}{3} =$ ......
(21) $2\frac{1}{4} \div 5\frac{3}{5} =$	(22) $8\frac{4}{6} \div 6\frac{2}{8} =$	(23) $1\frac{2}{3} \div 8\frac{4}{8} =$	(24) $4\frac{1}{6} \div 6\frac{1}{4} =$ ......
(25) $1\frac{1}{5} \div 8\frac{2}{3} =$	(26) $7\frac{3}{4} \div 8\frac{1}{6} =$	(27) $9\frac{2}{8} \div 6\frac{3}{5} =$	(28) $9\frac{2}{3} \div 7\frac{2}{4} =$ ......
(29) $1\frac{3}{5} \div 9\frac{1}{8} =$	(30) $1\frac{4}{6} \div 3\frac{6}{8} =$	(31) $7\frac{3}{4} \div 8\frac{2}{5} =$	(32) $2\frac{2}{3} \div 4\frac{5}{6} =$ ......
(33) $7\frac{7}{8} \div 6\frac{3}{4} =$	(34) $6\frac{2}{3} \div 2\frac{2}{6} =$	(35) $5\frac{5}{8} \div 2\frac{1}{3} =$	(36) $4\frac{2}{5} \div 9\frac{2}{6} =$ ......
(37) $3\frac{2}{4} \div 9\frac{4}{8} =$	(38) $1\frac{1}{4} \div 8\frac{2}{3} =$	(39) $1\frac{1}{5} \div 4\frac{5}{6} =$	(40) $1\frac{1}{5} \div 7\frac{2}{4} =$ ......
(41) $8\frac{5}{6} \div 4\frac{2}{8} =$	(42) $8\frac{1}{3} \div 6\frac{4}{5} =$	(43) $1\frac{4}{6} \div 3\frac{2}{3} =$	(44) $6\frac{1}{4} \div 5\frac{6}{8} =$ ......
(45) $6\frac{4}{5} \div 4\frac{1}{4} =$	(46) $8\frac{4}{6} \div 2\frac{2}{3} =$	(47) $6\frac{7}{8} \div 2\frac{1}{3} =$	(48) $1\frac{1}{4} \div 1\frac{5}{6} =$ ......
(49) $1\frac{2}{5} \div 9\frac{1}{8} =$	(50) $9\frac{4}{8} \div 9\frac{2}{3} =$	(51) $9\frac{2}{4} \div 5\frac{5}{6} =$	(52) $3\frac{1}{5} \div 2\frac{3}{6} =$ ......
(53) $1\frac{1}{3} \div 3\frac{5}{8} =$	(54) $7\frac{4}{5} \div 9\frac{3}{4} =$	(55) $7\frac{2}{3} \div 2\frac{3}{5} =$	(56) $7\frac{5}{6} \div 8\frac{1}{4} =$ ......
(57) $1\frac{6}{8} \div 8\frac{3}{5} =$	(58) $2\frac{5}{6} \div 3\frac{2}{4} =$	(59) $9\frac{2}{8} \div 2\frac{1}{3} =$	(60) $7\frac{2}{3} \div 8\frac{3}{6} =$ ......
(61) $2\frac{2}{8} \div 4\frac{3}{4} =$	(62) $7\frac{1}{5} \div 5\frac{1}{5} =$	(63) $2\frac{2}{6} \div 7\frac{3}{4} =$	(64) $4\frac{7}{8} \div 9\frac{1}{3} =$ ......
(65) $6\frac{5}{6} \div 4\frac{4}{8} =$	(66) $4\frac{2}{5} \div 4\frac{3}{4} =$	(67) $5\frac{2}{3} \div 7\frac{3}{5} =$	(68) $7\frac{2}{3} \div 4\frac{6}{8} =$ ......

EE Simplifie les fractions suivantes.

(1) $\frac{24}{60}$ = ...	(2) $\frac{2}{26}$ = ...	(3) $\frac{10}{30}$ = ...	(4) $\frac{56}{63}$ = ...	(5) $\frac{4}{16}$ = ...	(6) $\frac{6}{28}$ = ...
(7) $\frac{48}{56}$ = ...	(8) $\frac{36}{108}$ = ...	(9) $\frac{7}{14}$ = ...	(10) $\frac{24}{40}$ = ...	(11) $\frac{49}{77}$ = ...	(12) $\frac{10}{80}$ = ...
(13) $\frac{10}{85}$ = ...	(14) $\frac{4}{6}$ = ...	(15) $\frac{16}{40}$ = ...	(16) $\frac{10}{38}$ = ...	(17) $\frac{30}{40}$ = ...	(18) $\frac{70}{84}$ = ...
(19) $\frac{108}{120}$ = ...	(20) $\frac{9}{57}$ = ...	(21) $\frac{12}{68}$ = ...	(22) $\frac{18}{26}$ = ...	(23) $\frac{3}{6}$ = ...	(24) $\frac{6}{60}$ = ...
(25) $\frac{66}{96}$ = ...	(26) $\frac{28}{49}$ = ...	(27) $\frac{21}{45}$ = ...	(28) $\frac{8}{12}$ = ...	(29) $\frac{117}{126}$ = ...	(30) $\frac{12}{36}$ = ...
(31) $\frac{6}{8}$ = ...	(32) $\frac{32}{36}$ = ...	(33) $\frac{72}{88}$ = ...	(34) $\frac{3}{15}$ = ...	(35) $\frac{14}{56}$ = ...	(36) $\frac{84}{126}$ = ...
(37) $\frac{30}{60}$ = ...	(38) $\frac{4}{32}$ = ...	(39) $\frac{9}{108}$ = ...	(40) $\frac{27}{36}$ = ...	(41) $\frac{10}{25}$ = ...	(42) $\frac{28}{63}$ = ...
(43) $\frac{18}{84}$ = ...	(44) $\frac{60}{102}$ = ...	(45) $\frac{18}{66}$ = ...	(46) $\frac{18}{27}$ = ...	(47) $\frac{18}{42}$ = ...	(48) $\frac{27}{54}$ = ...
(49) $\frac{48}{160}$ = ...	(50) $\frac{9}{54}$ = ...	(51) $\frac{12}{32}$ = ...	(52) $\frac{9}{18}$ = ...	(53) $\frac{4}{20}$ = ...	(54) $\frac{10}{95}$ = ...
(55) $\frac{36}{117}$ = ...	(56) $\frac{12}{72}$ = ...	(57) $\frac{12}{21}$ = ...	(58) $\frac{15}{50}$ = ...	(59) $\frac{42}{56}$ = ...	(60) $\frac{119}{140}$ = ...
(61) $\frac{45}{135}$ = ...	(62) $\frac{105}{119}$ = ...	(63) $\frac{104}{152}$ = ...	(64) $\frac{48}{66}$ = ...	(65) $\frac{4}{8}$ = ...	(66) $\frac{40}{52}$ = ...
(67) $\frac{5}{15}$ = ...	(68) $\frac{48}{96}$ = ...	(69) $\frac{16}{72}$ = ...	(70) $\frac{108}{144}$ = ...	(71) $\frac{21}{42}$ = ...	(72) $\frac{21}{39}$ = ...
(73) $\frac{18}{54}$ = ...	(74) $\frac{7}{21}$ = ...	(75) $\frac{6}{12}$ = ...	(76) $\frac{6}{24}$ = ...	(77) $\frac{42}{77}$ = ...	(78) $\frac{25}{95}$ = ...
(79) $\frac{36}{54}$ = ...	(80) $\frac{24}{56}$ = ...	(81) $\frac{96}{104}$ = ...	(82) $\frac{30}{32}$ = ...	(83) $\frac{2}{6}$ = ...	(84) $\frac{16}{20}$ = ...
(85) $\frac{21}{56}$ = ...	(86) $\frac{56}{133}$ = ...	(87) $\frac{27}{99}$ = ...	(88) $\frac{15}{30}$ = ...	(89) $\frac{12}{90}$ = ...	(90) $\frac{33}{51}$ = ...
(91) $\frac{30}{120}$ = ...	(92) $\frac{40}{72}$ = ...	(93) $\frac{8}{16}$ = ...	(94) $\frac{33}{42}$ = ...	(95) $\frac{80}{100}$ = ...	(96) $\frac{8}{40}$ = ...

FF Simplifie les fractions suivantes.

(1) $\frac{1260}{180}$ = ...	(2) $\frac{486}{54}$ = ...	(3) $\frac{640}{128}$ = ...	(4) $\frac{448}{56}$ = ...	(5) $\frac{50}{25}$ = ...	(6) $\frac{1224}{136}$ = ...
(7) $\frac{672}{96}$ = ...	(8) $\frac{630}{126}$ = ...	(9) $\frac{72}{8}$ = ...	(10) $\frac{152}{76}$ = ...	(11) $\frac{385}{55}$ = ...	(12) $\frac{273}{91}$ = ...
(13) $\frac{288}{36}$ = ...	(14) $\frac{240}{60}$ = ...	(15) $\frac{36}{12}$ = ...	(16) $\frac{280}{70}$ = ...	(17) $\frac{128}{64}$ = ...	(18) $\frac{324}{108}$ = ...
(19) $\frac{150}{25}$ = ...	(20) $\frac{864}{144}$ = ...	(21) $\frac{416}{104}$ = ...	(22) $\frac{320}{40}$ = ...	(23) $\frac{810}{90}$ = ...	(24) $\frac{1296}{162}$ = ...
(25) $\frac{450}{90}$ = ...	(26) $\frac{297}{33}$ = ...	(27) $\frac{336}{56}$ = ...	(28) $\frac{98}{14}$ = ...	(29) $\frac{252}{36}$ = ...	(30) $\frac{216}{36}$ = ...
(31) $\frac{54}{6}$ = ...	(32) $\frac{432}{72}$ = ...	(33) $\frac{36}{4}$ = ...	(34) $\frac{931}{133}$ = ...	(35) $\frac{816}{102}$ = ...	(36) $\frac{480}{120}$ = ...
(37) $\frac{126}{42}$ = ...	(38) $\frac{144}{24}$ = ...	(39) $\frac{343}{49}$ = ...	(40) $\frac{300}{60}$ = ...	(41) $\frac{180}{36}$ = ...	(42) $\frac{1080}{120}$ = ...
(43) $\frac{256}{32}$ = ...	(44) $\frac{171}{57}$ = ...	(45) $\frac{56}{8}$ = ...	(46) $\frac{200}{40}$ = ...	(47) $\frac{540}{108}$ = ...	(48) $\frac{255}{51}$ = ...
(49) $\frac{637}{91}$ = ...	(50) $\frac{90}{45}$ = ...	(51) $\frac{480}{80}$ = ...	(52) $\frac{315}{45}$ = ...	(53) $\frac{176}{22}$ = ...	(54) $\frac{144}{48}$ = ...
(55) $\frac{972}{108}$ = ...	(56) $\frac{105}{21}$ = ...	(57) $\frac{720}{80}$ = ...	(58) $\frac{576}{72}$ = ...	(59) $\frac{30}{10}$ = ...	(60) $\frac{510}{102}$ = ...
(61) $\frac{729}{81}$ = ...	(62) $\frac{675}{75}$ = ...	(63) $\frac{165}{55}$ = ...	(64) $\frac{144}{36}$ = ...	(65) $\frac{162}{54}$ = ...	(66) $\frac{16}{8}$ = ...
(67) $\frac{280}{40}$ = ...	(68) $\frac{600}{120}$ = ...	(69) $\frac{912}{114}$ = ...	(70) $\frac{130}{65}$ = ...	(71) $\frac{686}{98}$ = ...	(72) $\frac{48}{24}$ = ...
(73) $\frac{160}{80}$ = ...	(74) $\frac{693}{99}$ = ...	(75) $\frac{1260}{140}$ = ...	(76) $\frac{147}{21}$ = ...	(77) $\frac{490}{70}$ = ...	(78) $\frac{255}{85}$ = ...
(79) $\frac{360}{72}$ = ...	(80) $\frac{288}{32}$ = ...	(81) $\frac{114}{57}$ = ...	(82) $\frac{486}{162}$ = ...	(83) $\frac{360}{45}$ = ...	(84) $\frac{455}{91}$ = ...
(85) $\frac{20}{10}$ = ...	(86) $\frac{72}{24}$ = ...	(87) $\frac{192}{24}$ = ...	(88) $\frac{720}{90}$ = ...	(89) $\frac{189}{27}$ = ...	(90) $\frac{180}{45}$ = ...
(91) $\frac{238}{119}$ = ...	(92) $\frac{456}{57}$ = ...	(93) $\frac{520}{104}$ = ...	(94) $\frac{66}{22}$ = ...	(95) $\frac{56}{28}$ = ...	(96) $\frac{240}{48}$ = ...

Réponses

A Quelle fraction représente la partie colorée ?

(1) 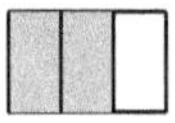 = $\frac{2}{3}$ ....

(2)  = $\frac{1}{2}$ ....

(3) 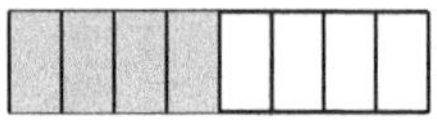 = $\frac{4}{8}$ ....

(4) 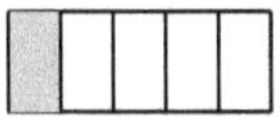 = $\frac{1}{5}$ ....

(5) 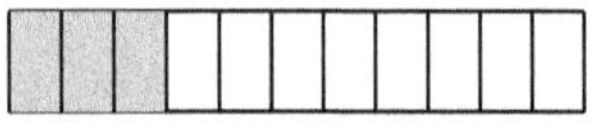 = $\frac{3}{11}$ ....

(6) 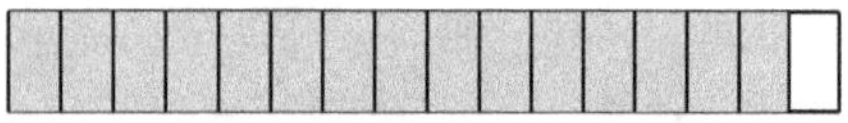 = $\frac{15}{16}$ ....

(7) 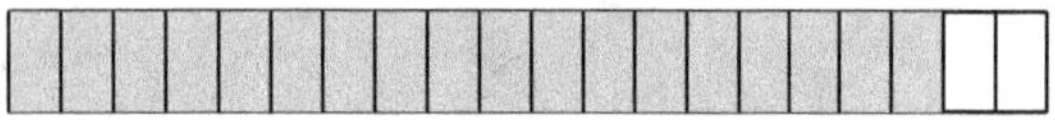 = $\frac{18}{20}$ ....

(8) 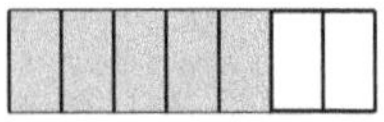 = $\frac{5}{7}$ ....

(9) 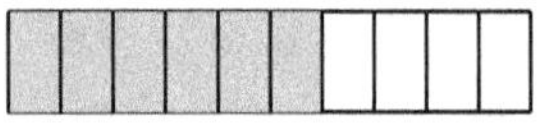 = $\frac{6}{10}$ ....

(10) 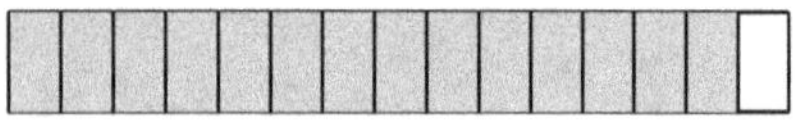 = $\frac{14}{15}$ ....

(11) 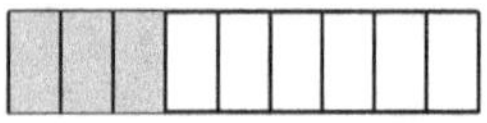 = $\frac{3}{9}$ ....

(12) 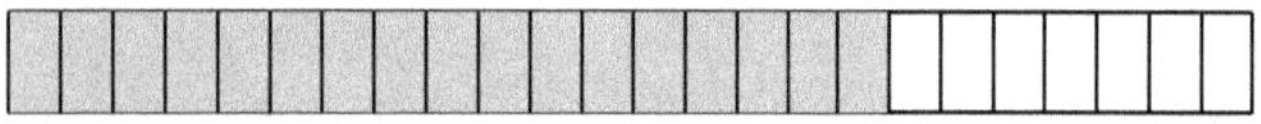 = $\frac{17}{24}$ ....

(13) 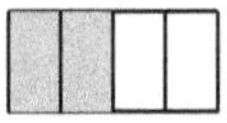 = $\frac{2}{4}$ ....

(14) 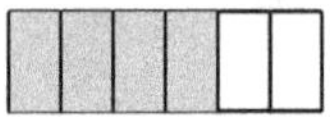 = $\frac{4}{6}$ ....

(15) 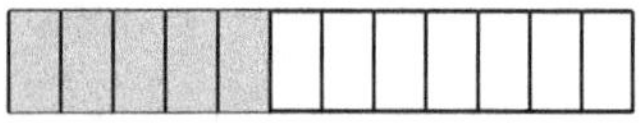 = $\frac{5}{12}$ ....

(16) 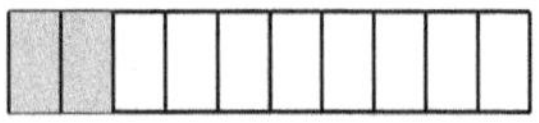 = $\frac{2}{10}$ ....

(17) 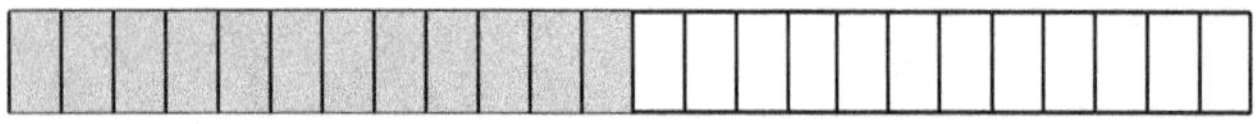 = $\frac{12}{24}$ ....

B colorie la partie qui représente la fraction donnée:

(1) $\frac{4}{5}$ = 

(2) $\frac{1}{2}$ = 

(3) $\frac{1}{20}$ = 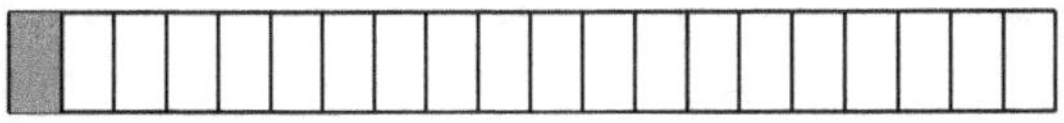

(4) $\frac{4}{8}$ = 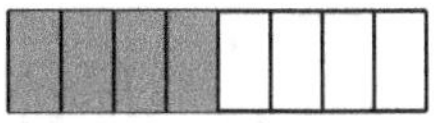

(5) $\frac{2}{3}$ = 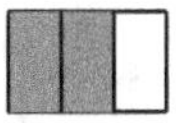

(6) $\frac{1}{9}$ = 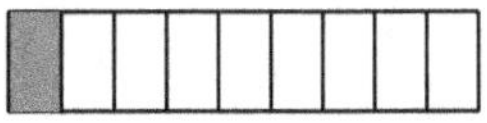

(7) $\frac{1}{5}$ = 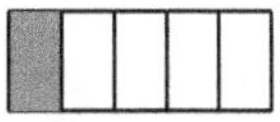

(8) $\frac{4}{7}$ = 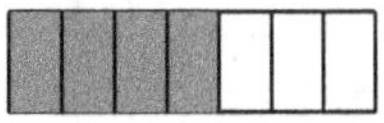

(9) $\frac{2}{10}$ = 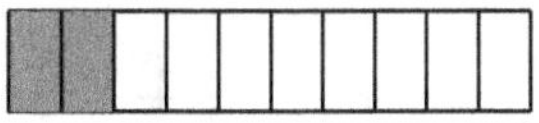

(10) $\frac{1}{4}$ = 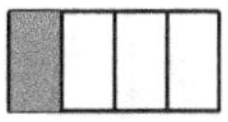

(11) $\frac{2}{11}$ = 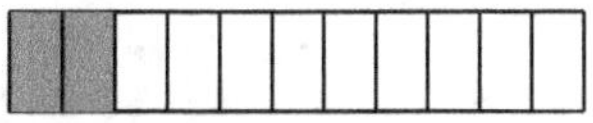

(12) $\frac{5}{6}$ = 

(13) $\frac{11}{16}$ = 

(14) $\frac{5}{15}$ = 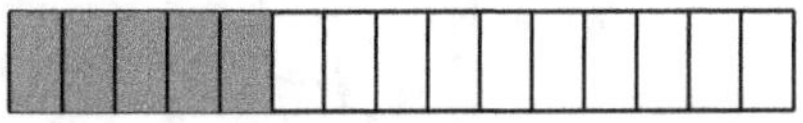

(15) $\frac{5}{12}$ = 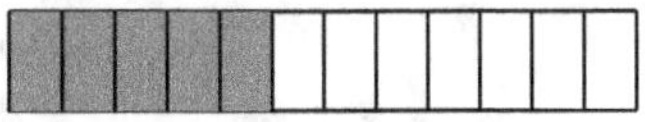

(16) $\frac{17}{24}$ = 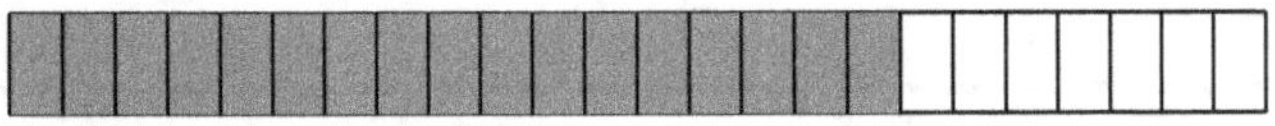

(17) $\frac{10}{16}$ = 

C Quelle fraction représente la partie colorée ?

(1)
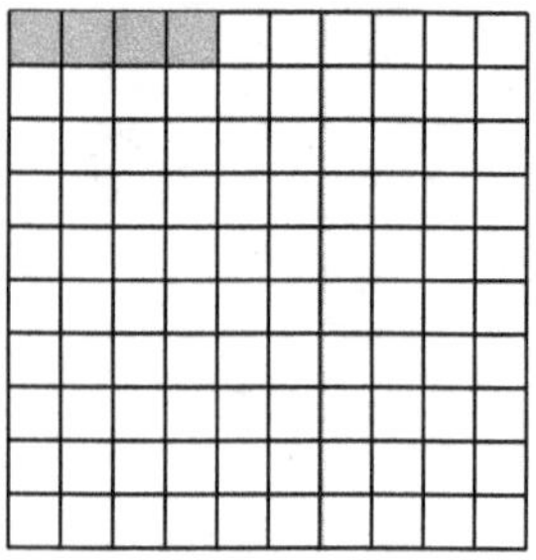
= $\frac{1}{25}$ ……

(2)
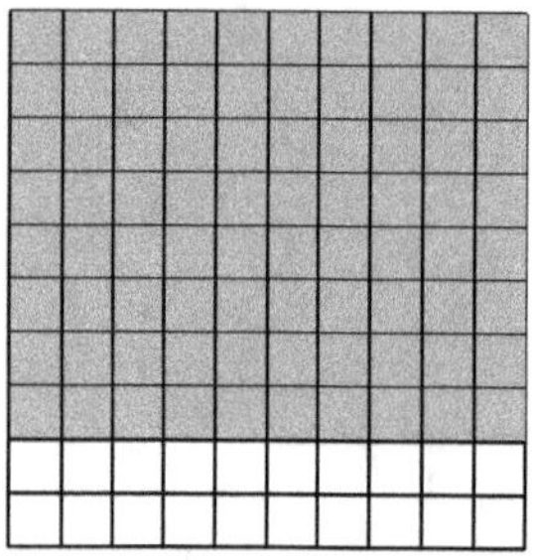
= $\frac{4}{5}$ ……

(3)
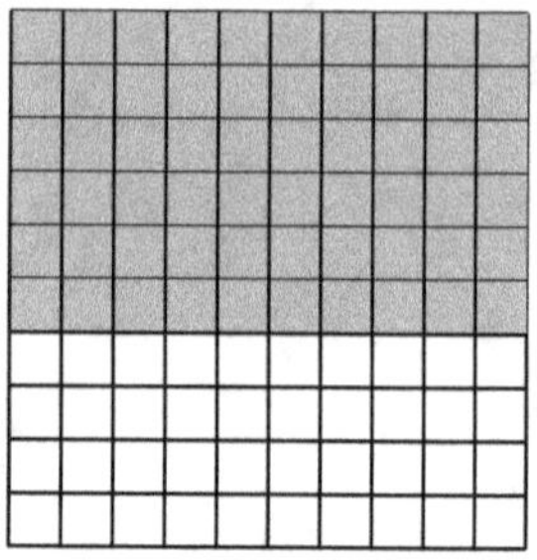
= $\frac{3}{5}$ ……

(4)
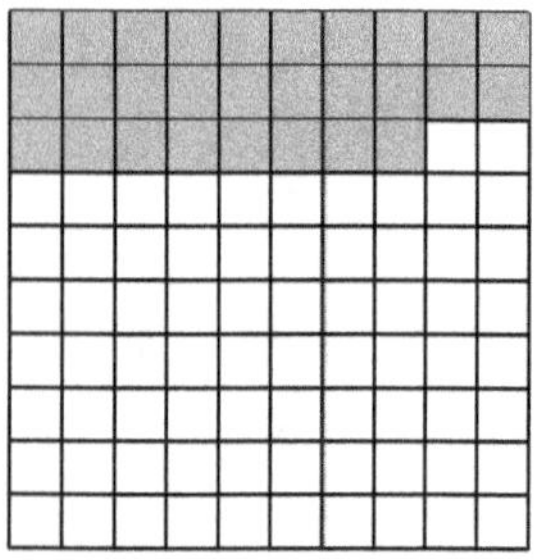
= $\frac{7}{25}$ ……

(5)
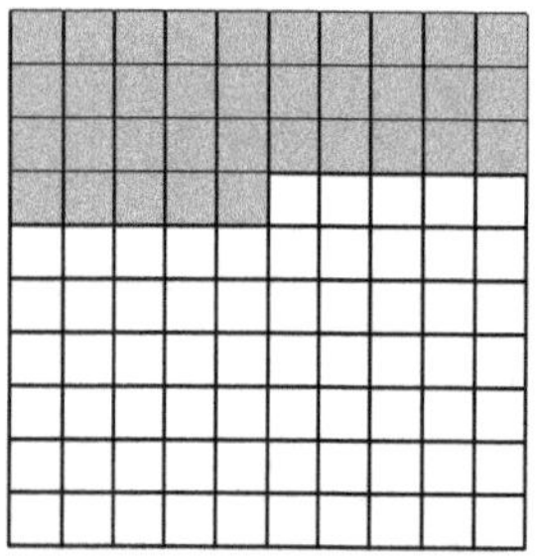
= $\frac{7}{20}$ ……

(6)
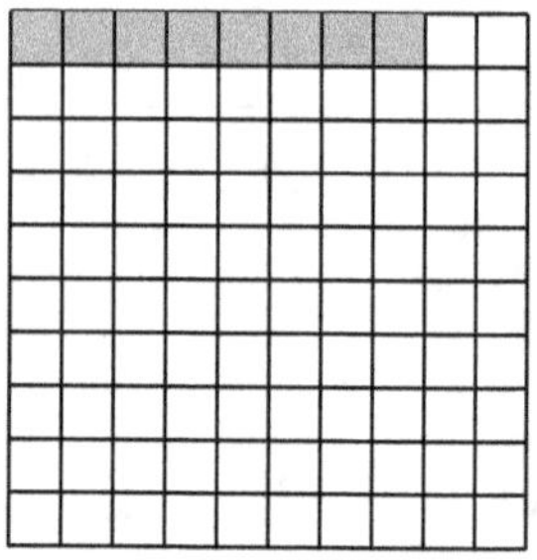
= $\frac{2}{25}$ ……

(7)
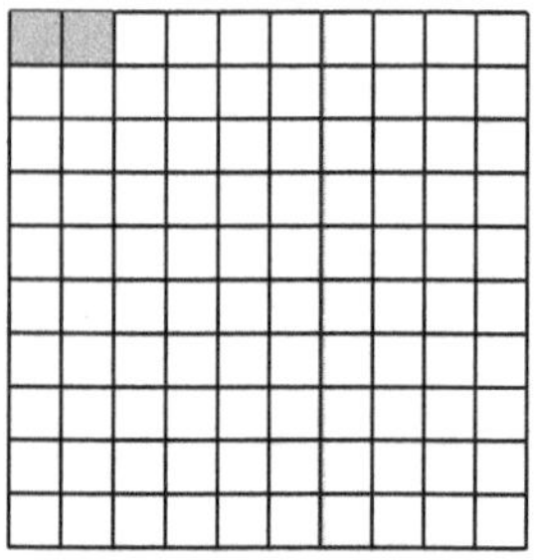
= $\frac{1}{50}$ ……

(8)
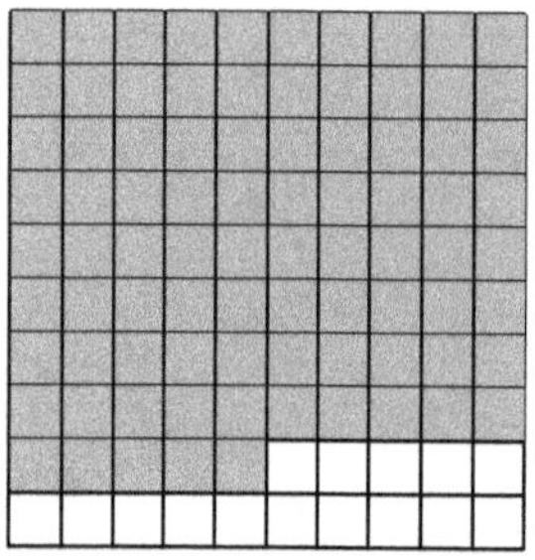
= $\frac{17}{20}$ ……

(9)
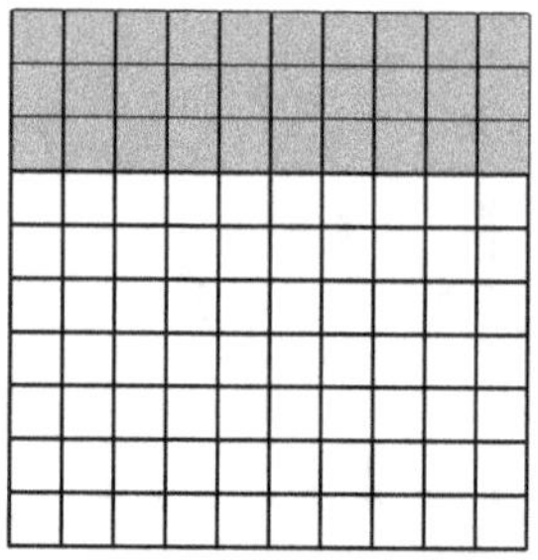
= $\frac{3}{10}$ ……

(10)
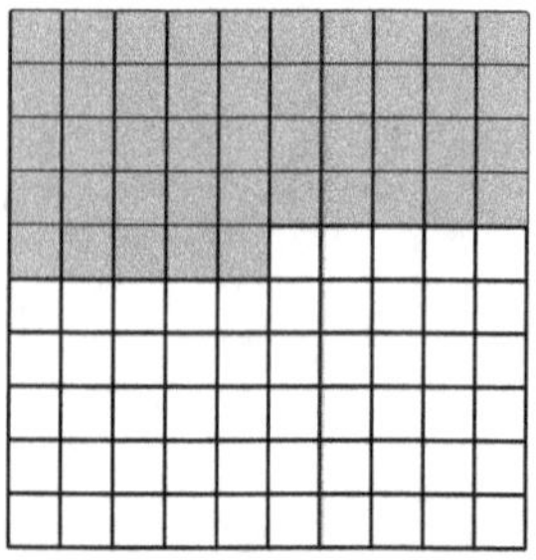
= $\frac{9}{20}$ ……

(11)
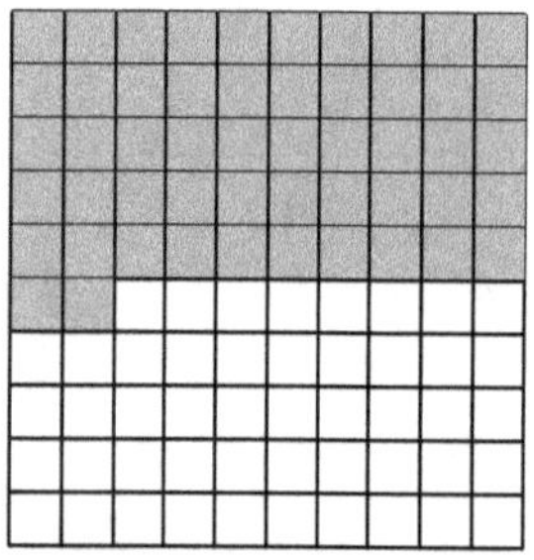
= $\frac{13}{25}$ ……

(12)
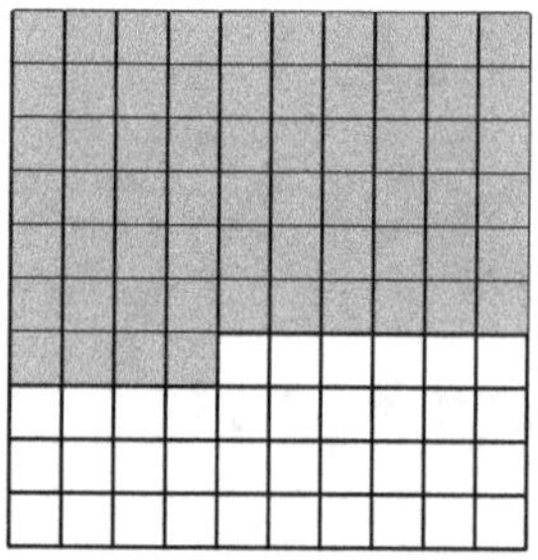
= $\frac{16}{25}$ ……

(13)
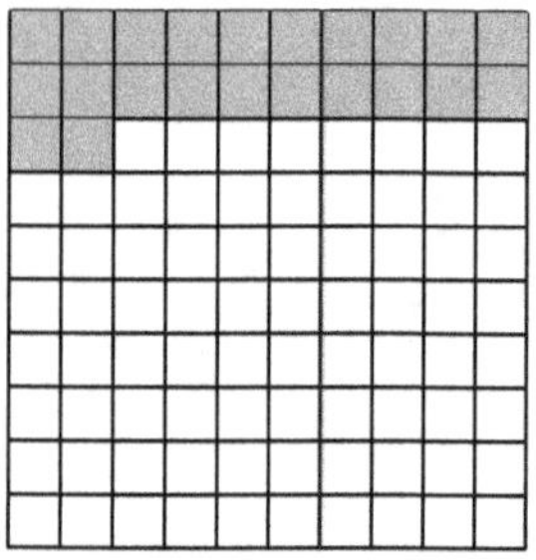
= $\frac{11}{50}$ ……

(14)
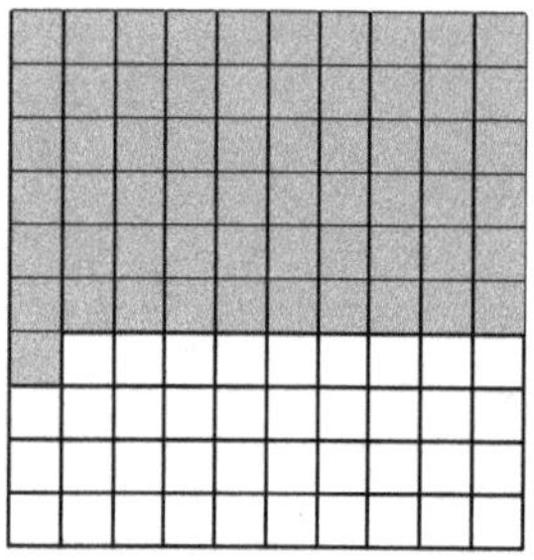
= $\frac{61}{100}$ ……

(15)
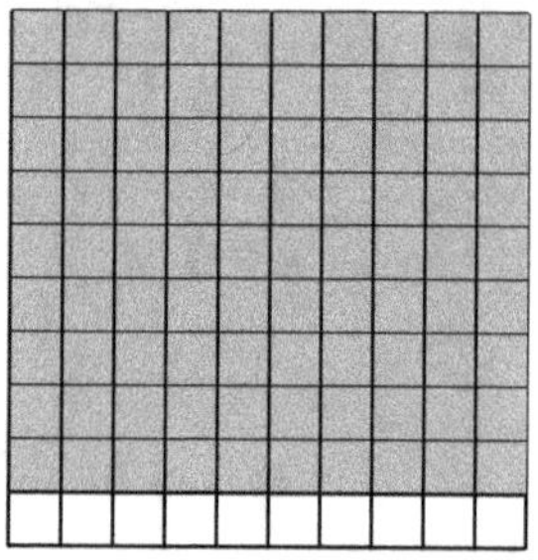
= $\frac{9}{10}$ ……

D colorie la partie qui représente la fraction donnée:

(1) 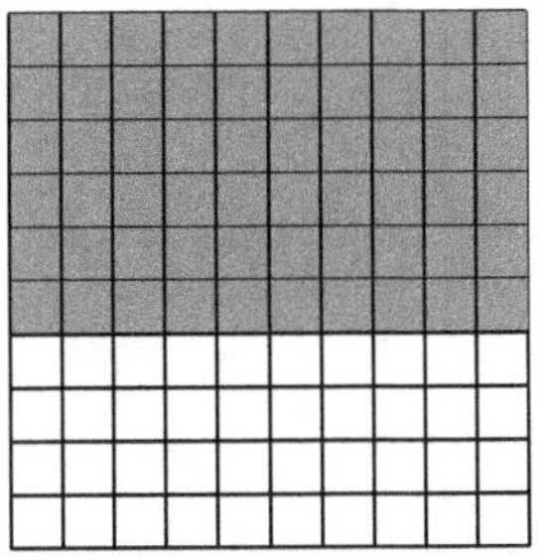 $= \frac{3}{5}$ .....

(2) 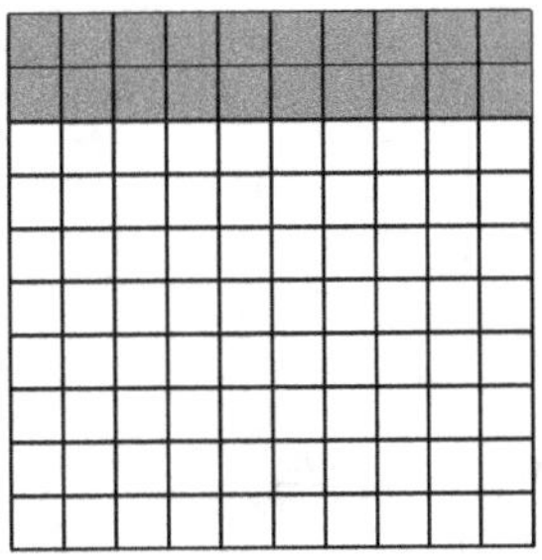 $= \frac{1}{5}$ .....

(3) 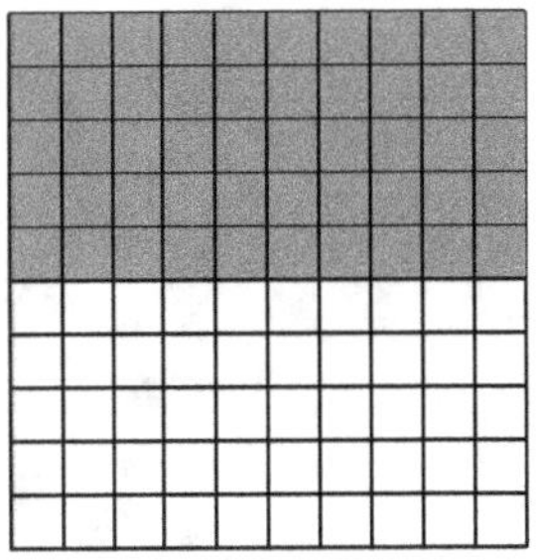 $= \frac{1}{2}$ .....

(4) 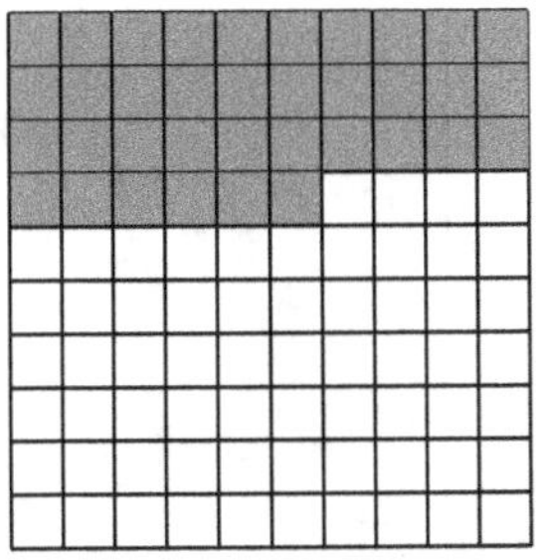 $= \frac{9}{25}$ .....

(5) 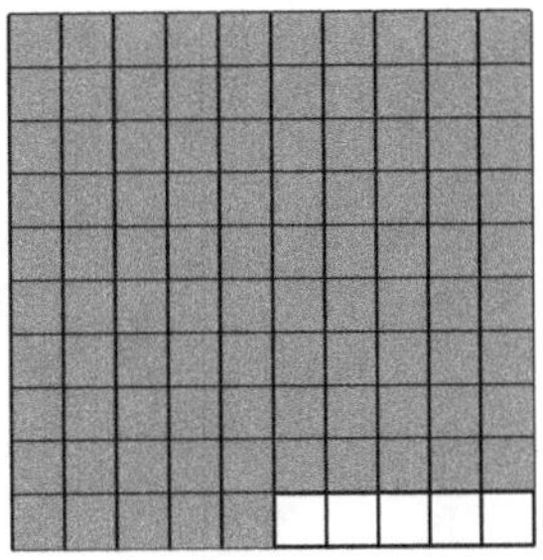 $= \frac{19}{20}$ .....

(6) 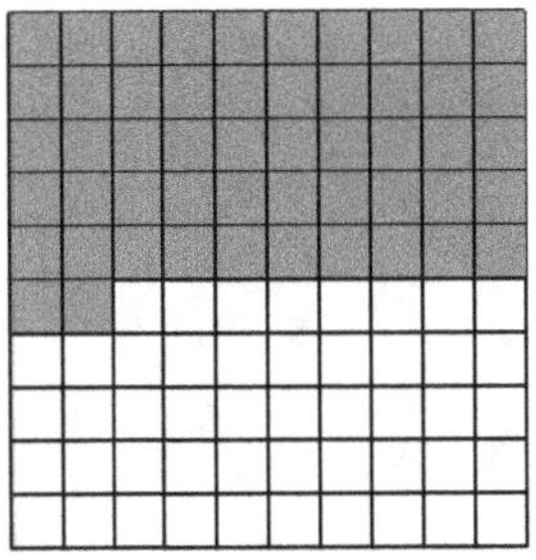 $= \frac{13}{25}$ .....

(7) 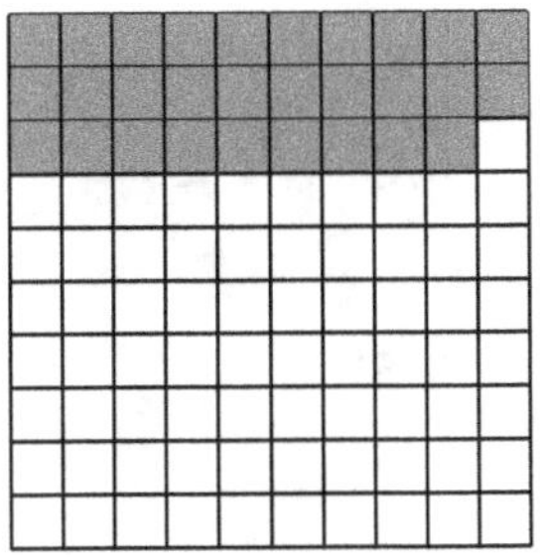 $= \frac{29}{100}$ .....

(8) 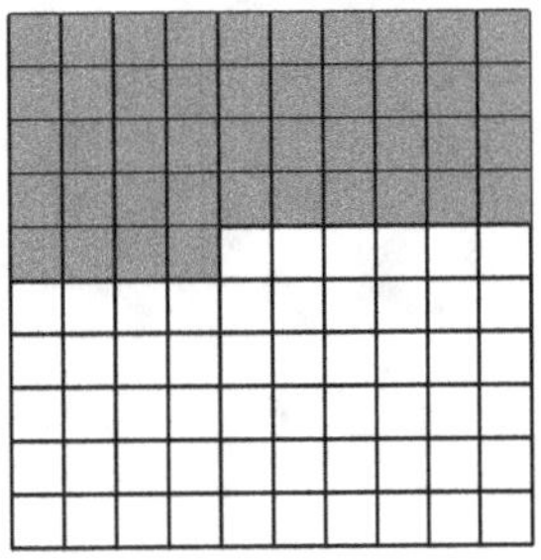 $= \frac{11}{25}$ .....

(9) 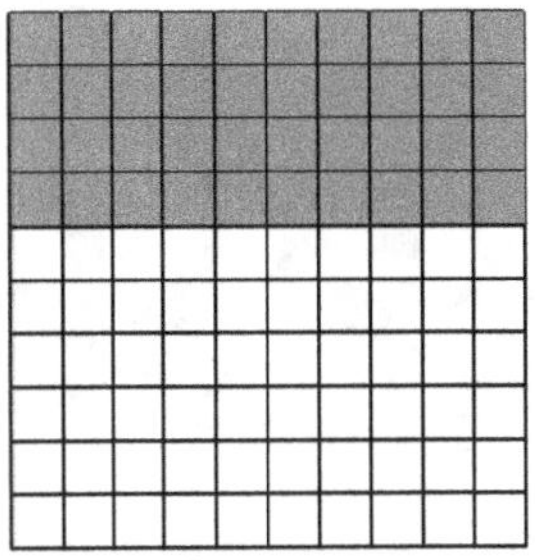 $= \frac{2}{5}$ .....

(10) 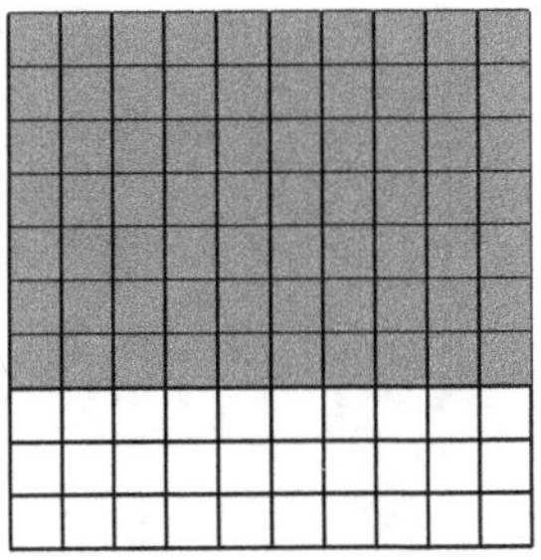 $= \frac{7}{10}$ .....

(11) 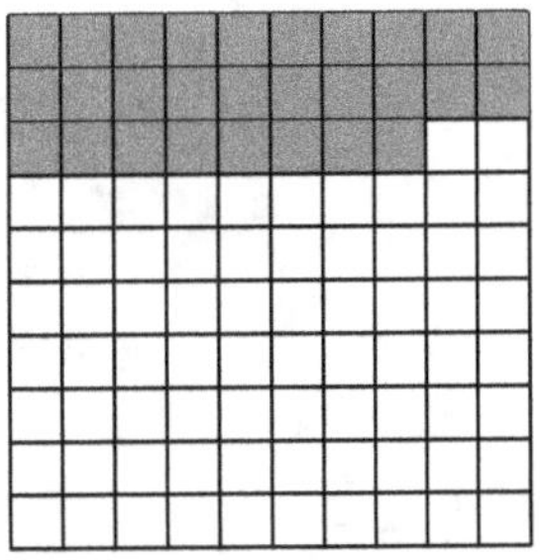 $= \frac{7}{25}$ .....

(12) 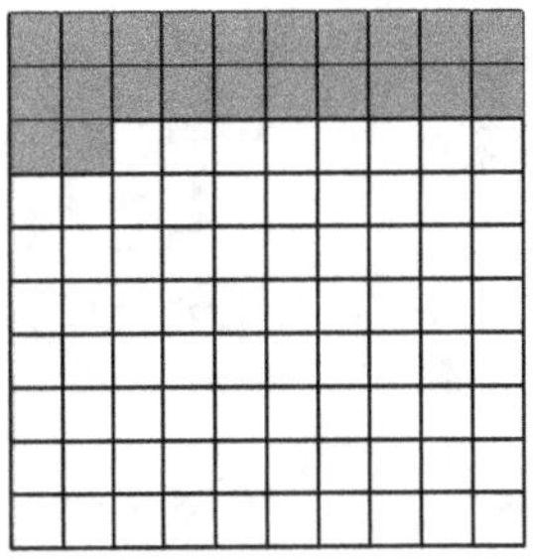 $= \frac{11}{50}$ .....

(13) 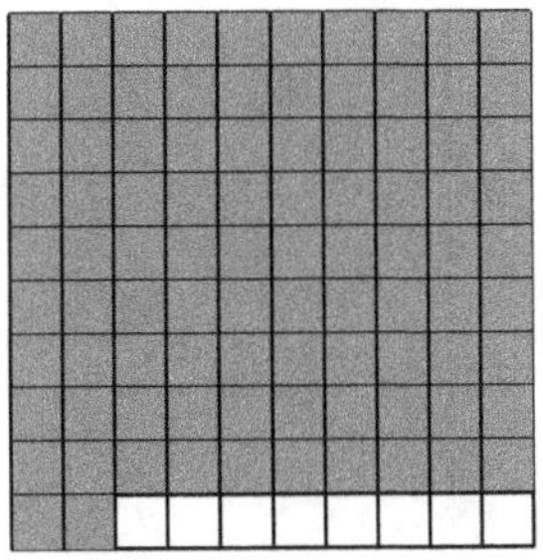 $= \frac{23}{25}$ .....

(14) 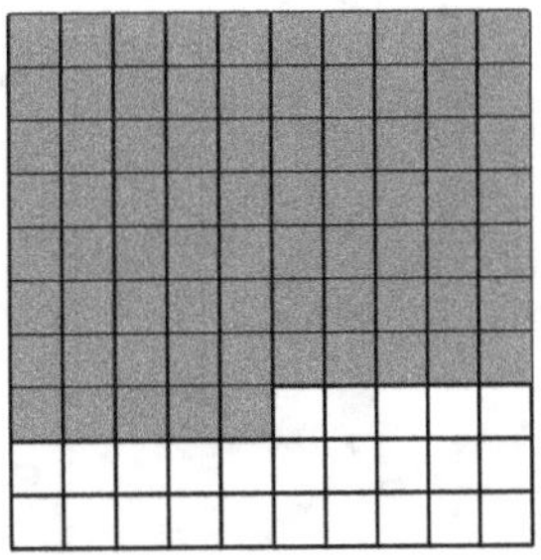 $= \frac{3}{4}$ .....

(15) 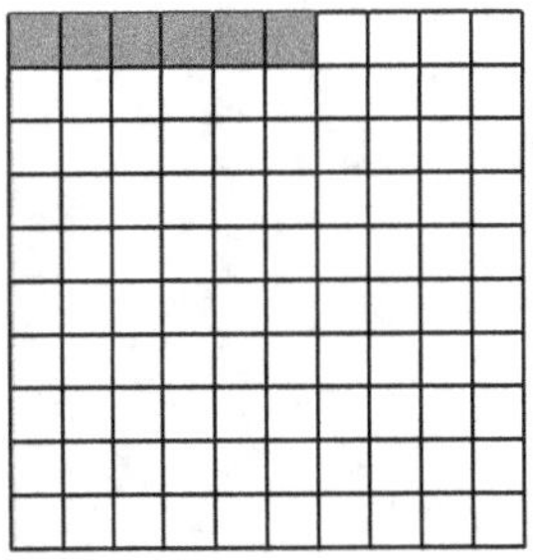 $= \frac{3}{50}$ .....

E Complète les égalités suivantes.

(1) $\frac{17}{20} = \frac{34}{40}$	(2) $\frac{5}{11} = \frac{10}{22}$	(3) $\frac{15}{18} = \frac{105}{126}$	(4) $\frac{3}{10} = \frac{9}{30}$	(5) $\frac{3}{4} = \frac{30}{40}$
(6) $\frac{6}{9} = \frac{60}{90}$	(7) $\frac{14}{17} = \frac{140}{170}$	(8) $\frac{6}{8} = \frac{12}{16}$	(9) $\frac{1}{7} = \frac{7}{49}$	(10) $\frac{15}{20} = \frac{105}{140}$
(11) $\frac{1}{2} = \frac{8}{16}$	(12) $\frac{1}{5} = \frac{2}{10}$	(13) $\frac{11}{15} = \frac{77}{105}$	(14) $\frac{8}{13} = \frac{80}{130}$	(15) $\frac{2}{3} = \frac{20}{30}$
(16) $\frac{7}{14} = \frac{14}{28}$	(17) $\frac{2}{16} = \frac{20}{160}$	(18) $\frac{8}{12} = \frac{16}{24}$	(19) $\frac{3}{6} = \frac{30}{60}$	(20) $\frac{6}{7} = \frac{18}{21}$
(21) $\frac{1}{10} = \frac{3}{30}$	(22) $\frac{2}{4} = \frac{10}{20}$	(23) $\frac{2}{3} = \frac{8}{12}$	(24) $\frac{5}{8} = \frac{50}{80}$	(25) $\frac{8}{13} = \frac{48}{78}$
(26) $\frac{9}{14} = \frac{72}{112}$	(27) $\frac{3}{5} = \frac{6}{10}$	(28) $\frac{14}{20} = \frac{84}{120}$	(29) $\frac{1}{16} = \frac{4}{64}$	(30) $\frac{1}{2} = \frac{7}{14}$
(31) $\frac{13}{17} = \frac{130}{170}$	(32) $\frac{4}{12} = \frac{8}{24}$	(33) $\frac{5}{11} = \frac{30}{66}$	(34) $\frac{2}{6} = \frac{16}{48}$	(35) $\frac{8}{18} = \frac{32}{72}$
(36) $\frac{5}{9} = \frac{50}{90}$	(37) $\frac{6}{15} = \frac{18}{45}$	(38) $\frac{8}{17} = \frac{32}{68}$	(39) $\frac{11}{12} = \frac{88}{96}$	(40) $\frac{8}{15} = \frac{72}{135}$
(41) $\frac{19}{20} = \frac{133}{140}$	(42) $\frac{3}{5} = \frac{21}{35}$	(43) $\frac{2}{14} = \frac{18}{126}$	(44) $\frac{4}{7} = \frac{8}{14}$	(45) $\frac{7}{9} = \frac{21}{27}$
(46) $\frac{2}{6} = \frac{8}{24}$	(47) $\frac{4}{16} = \frac{12}{48}$	(48) $\frac{1}{10} = \frac{6}{60}$	(49) $\frac{7}{11} = \frac{63}{99}$	(50) $\frac{2}{4} = \frac{14}{28}$
(51) $\frac{1}{3} = \frac{6}{18}$	(52) $\frac{1}{2} = \frac{6}{12}$	(53) $\frac{4}{8} = \frac{8}{16}$	(54) $\frac{6}{18} = \frac{12}{36}$	(55) $\frac{1}{13} = \frac{10}{130}$
(56) $\frac{1}{3} = \frac{7}{21}$	(57) $\frac{6}{10} = \frac{54}{90}$	(58) $\frac{3}{14} = \frac{24}{112}$	(59) $\frac{5}{15} = \frac{15}{45}$	(60) $\frac{1}{8} = \frac{10}{80}$
(61) $\frac{1}{4} = \frac{5}{20}$	(62) $\frac{12}{17} = \frac{96}{136}$	(63) $\frac{1}{9} = \frac{2}{18}$	(64) $\frac{5}{6} = \frac{35}{42}$	(65) $\frac{10}{12} = \frac{70}{84}$
(66) $\frac{10}{18} = \frac{60}{108}$	(67) $\frac{7}{16} = \frac{63}{144}$	(68) $\frac{3}{20} = \frac{24}{160}$	(69) $\frac{4}{13} = \frac{40}{130}$	(70) $\frac{2}{11} = \frac{18}{99}$
(71) $\frac{5}{7} = \frac{20}{28}$	(72) $\frac{5}{6} = \frac{15}{18}$	(73) $\frac{8}{9} = \frac{56}{63}$	(74) $\frac{2}{5} = \frac{12}{30}$	(75) $\frac{4}{8} = \frac{24}{48}$
(76) $\frac{5}{16} = \frac{15}{48}$	(77) $\frac{11}{15} = \frac{88}{120}$	(78) $\frac{1}{3} = \frac{3}{9}$	(79) $\frac{7}{17} = \frac{42}{102}$	(80) $\frac{7}{12} = \frac{42}{72}$
(81) $\frac{1}{7} = \frac{8}{56}$	(82) $\frac{2}{4} = \frac{16}{32}$	(83) $\frac{13}{18} = \frac{39}{54}$	(84) $\frac{6}{14} = \frac{36}{84}$	(85) $\frac{10}{11} = \frac{100}{110}$

F Complète les égalités suivantes.

(1) $\frac{12}{16} = \frac{24}{32} = \frac{108}{144}$	(2) $\frac{3}{11} = \frac{30}{110} = \frac{6}{22}$	(3) $\frac{7}{8} = \frac{14}{16} = \frac{63}{72}$	(4) $\frac{1}{7} = \frac{8}{56} = \frac{3}{21}$
(5) $\frac{12}{15} = \frac{120}{150} = \frac{72}{90}$	(6) $\frac{1}{3} = \frac{8}{24} = \frac{5}{15}$	(7) $\frac{19}{20} = \frac{114}{120} = \frac{57}{60}$	(8) $\frac{3}{18} = \frac{6}{36} = \frac{15}{90}$
(9) $\frac{6}{12} = \frac{30}{60} = \frac{36}{72}$	(10) $\frac{1}{10} = \frac{10}{100} = \frac{6}{60}$	(11) $\frac{1}{4} = \frac{3}{12} = \frac{2}{8}$	(12) $\frac{5}{6} = \frac{35}{42} = \frac{10}{12}$
(13) $\frac{1}{2} = \frac{2}{4} = \frac{5}{10}$	(14) $\frac{1}{11} = \frac{6}{66} = \frac{3}{33}$	(15) $\frac{2}{9} = \frac{16}{72} = \frac{6}{27}$	(16) $\frac{7}{14} = \frac{63}{126} = \frac{56}{112}$
(17) $\frac{9}{13} = \frac{36}{52} = \frac{81}{117}$	(18) $\frac{2}{7} = \frac{6}{21} = \frac{4}{14}$	(19) $\frac{7}{8} = \frac{21}{24} = \frac{14}{16}$	(20) $\frac{12}{17} = \frac{36}{51} = \frac{120}{170}$
(21) $\frac{4}{5} = \frac{32}{40} = \frac{12}{15}$	(22) $\frac{8}{16} = \frac{16}{32} = \frac{24}{48}$	(23) $\frac{1}{11} = \frac{10}{110} = \frac{8}{88}$	(24) $\frac{19}{20} = \frac{171}{180} = \frac{38}{40}$
(25) $\frac{3}{6} = \frac{30}{60} = \frac{27}{54}$	(26) $\frac{7}{10} = \frac{35}{50} = \frac{70}{100}$	(27) $\frac{1}{2} = \frac{10}{20} = \frac{9}{18}$	(28) $\frac{2}{5} = \frac{10}{25} = \frac{16}{40}$
(29) $\frac{2}{3} = \frac{18}{27} = \frac{16}{24}$	(30) $\frac{9}{14} = \frac{54}{84} = \frac{72}{112}$	(31) $\frac{11}{13} = \frac{99}{117} = \frac{33}{39}$	(32) $\frac{5}{7} = \frac{15}{21} = \frac{25}{35}$
(33) $\frac{10}{15} = \frac{90}{135} = \frac{60}{90}$	(34) $\frac{5}{17} = \frac{10}{34} = \frac{15}{51}$	(35) $\frac{3}{9} = \frac{12}{36} = \frac{27}{81}$	(36) $\frac{1}{18} = \frac{10}{180} = \frac{2}{36}$
(37) $\frac{1}{16} = \frac{10}{160} = \frac{3}{48}$	(38) $\frac{3}{4} = \frac{21}{28} = \frac{12}{16}$	(39) $\frac{2}{12} = \frac{4}{24} = \frac{10}{60}$	(40) $\frac{6}{8} = \frac{60}{80} = \frac{42}{56}$
(41) $\frac{8}{13} = \frac{40}{65} = \frac{16}{26}$	(42) $\frac{1}{2} = \frac{9}{18} = \frac{4}{8}$	(43) $\frac{1}{6} = \frac{3}{18} = \frac{4}{24}$	(44) $\frac{3}{4} = \frac{24}{32} = \frac{15}{20}$
(45) $\frac{1}{3} = \frac{3}{9} = \frac{2}{6}$	(46) $\frac{11}{16} = \frac{44}{64} = \frac{77}{112}$	(47) $\frac{7}{10} = \frac{28}{40} = \frac{70}{100}$	(48) $\frac{10}{18} = \frac{80}{144} = \frac{50}{90}$
(49) $\frac{3}{7} = \frac{30}{70} = \frac{15}{35}$	(50) $\frac{1}{12} = \frac{2}{24} = \frac{8}{96}$	(51) $\frac{5}{14} = \frac{30}{84} = \frac{50}{140}$	(52) $\frac{10}{11} = \frac{90}{99} = \frac{100}{110}$
(53) $\frac{5}{8} = \frac{15}{24} = \frac{10}{16}$	(54) $\frac{7}{9} = \frac{42}{54} = \frac{49}{63}$	(55) $\frac{1}{15} = \frac{2}{30} = \frac{6}{90}$	(56) $\frac{2}{5} = \frac{6}{15} = \frac{10}{25}$
(57) $\frac{3}{17} = \frac{9}{51} = \frac{15}{85}$	(58) $\frac{1}{20} = \frac{10}{200} = \frac{4}{80}$	(59) $\frac{5}{9} = \frac{35}{63} = \frac{45}{81}$	(60) $\frac{1}{14} = \frac{7}{98} = \frac{2}{28}$
(61) $\frac{10}{15} = \frac{40}{60} = \frac{60}{90}$	(62) $\frac{11}{20} = \frac{44}{80} = \frac{99}{180}$	(63) $\frac{3}{7} = \frac{24}{56} = \frac{9}{21}$	(64) $\frac{5}{6} = \frac{50}{60} = \frac{35}{42}$
(65) $\frac{2}{8} = \frac{14}{56} = \frac{12}{48}$	(66) $\frac{6}{13} = \frac{42}{91} = \frac{48}{104}$	(67) $\frac{6}{16} = \frac{42}{112} = \frac{24}{64}$	(68) $\frac{1}{4} = \frac{4}{16} = \frac{5}{20}$

G Complète les égalités suivantes.

1. $\frac{7}{8} = \frac{63}{72} = \frac{42}{48} = \frac{63}{72}$
2. $\frac{9}{11} = \frac{54}{66} = \frac{63}{77} = \frac{72}{88}$
3. $\frac{5}{20} = \frac{50}{200} = \frac{20}{80} = \frac{35}{140}$
4. $\frac{2}{5} = \frac{6}{15} = \frac{18}{45} = \frac{20}{50}$
5. $\frac{3}{4} = \frac{12}{16} = \frac{30}{40} = \frac{21}{28}$
6. $\frac{36}{50} = \frac{180}{250} = \frac{360}{500} = \frac{324}{450}$
7. $\frac{5}{7} = \frac{45}{63} = \frac{25}{35} = \frac{35}{49}$
8. $\frac{2}{3} = \frac{6}{9} = \frac{10}{15} = \frac{16}{24}$
9. $\frac{19}{21} = \frac{38}{42} = \frac{171}{189} = \frac{57}{63}$
10. $\frac{3}{17} = \frac{27}{153} = \frac{12}{68} = \frac{18}{102}$
11. $\frac{10}{13} = \frac{90}{117} = \frac{60}{78} = \frac{40}{52}$
12. $\frac{16}{60} = \frac{64}{240} = \frac{160}{600} = \frac{128}{480}$
13. $\frac{30}{40} = \frac{270}{360} = \frac{120}{160} = \frac{270}{360}$
14. $\frac{9}{18} = \frac{18}{36} = \frac{72}{144} = \frac{81}{162}$
15. $\frac{18}{24} = \frac{126}{168} = \frac{72}{96} = \frac{36}{48}$
16. $\frac{7}{10} = \frac{70}{100} = \frac{63}{90} = \frac{70}{100}$
17. $\frac{9}{12} = \frac{54}{72} = \frac{18}{24} = \frac{63}{84}$
18. $\frac{57}{100} = \frac{171}{300} = \frac{456}{800} = \frac{114}{200}$
19. $\frac{4}{6} = \frac{12}{18} = \frac{24}{36} = \frac{36}{54}$
20. $\frac{32}{60} = \frac{224}{420} = \frac{64}{120} = \frac{96}{180}$
21. $\frac{4}{5} = \frac{16}{20} = \frac{32}{40} = \frac{8}{10}$
22. $\frac{6}{21} = \frac{12}{42} = \frac{42}{147} = \frac{48}{168}$
23. $\frac{1}{16} = \frac{3}{48} = \frac{2}{32} = \frac{6}{96}$
24. $\frac{11}{15} = \frac{66}{90} = \frac{22}{30} = \frac{88}{120}$
25. $\frac{31}{40} = \frac{279}{360} = \frac{155}{200} = \frac{186}{240}$
26. $\frac{2}{3} = \frac{4}{6} = \frac{18}{27} = \frac{10}{15}$
27. $\frac{4}{6} = \frac{24}{36} = \frac{20}{30} = \frac{32}{48}$
28. $\frac{3}{8} = \frac{9}{24} = \frac{27}{72} = \frac{18}{48}$
29. $\frac{14}{20} = \frac{70}{100} = \frac{140}{200} = \frac{112}{160}$
30. $\frac{15}{22} = \frac{120}{176} = \frac{150}{220} = \frac{75}{110}$
31. $\frac{13}{18} = \frac{78}{108} = \frac{130}{180} = \frac{52}{72}$
32. $\frac{4}{14} = \frac{8}{28} = \frac{20}{70} = \frac{12}{42}$
33. $\frac{1}{9} = \frac{9}{81} = \frac{5}{45} = \frac{7}{63}$
34. $\frac{4}{7} = \frac{8}{14} = \frac{28}{49} = \frac{32}{56}$
35. $\frac{4}{10} = \frac{20}{50} = \frac{16}{40} = \frac{8}{20}$
36. $\frac{44}{50} = \frac{176}{200} = \frac{264}{300} = \frac{132}{150}$
37. $\frac{18}{30} = \frac{144}{240} = \frac{162}{270} = \frac{180}{300}$
38. $\frac{13}{17} = \frac{26}{34} = \frac{130}{170} = \frac{117}{153}$
39. $\frac{39}{100} = \frac{351}{900} = \frac{117}{300} = \frac{351}{900}$
40. $\frac{22}{25} = \frac{44}{50} = \frac{198}{225} = \frac{176}{200}$
41. $\frac{3}{4} = \frac{21}{28} = \frac{9}{12} = \frac{12}{16}$
42. $\frac{1}{2} = \frac{4}{8} = \frac{6}{12} = \frac{4}{8}$
43. $\frac{16}{24} = \frac{32}{48} = \frac{96}{144} = \frac{48}{72}$
44. $\frac{11}{12} = \frac{88}{96} = \frac{110}{120} = \frac{99}{108}$
45. $\frac{49}{75} = \frac{343}{525} = \frac{294}{450} = \frac{196}{300}$
46. $\frac{4}{13} = \frac{16}{52} = \frac{32}{104} = \frac{12}{39}$
47. $\frac{6}{11} = \frac{42}{77} = \frac{24}{44} = \frac{36}{66}$
48. $\frac{9}{50} = \frac{63}{350} = \frac{90}{500} = \frac{45}{250}$
49. $\frac{5}{8} = \frac{15}{24} = \frac{30}{48} = \frac{10}{16}$
50. $\frac{1}{2} = \frac{10}{20} = \frac{5}{10} = \frac{8}{16}$
51. $\frac{4}{9} = \frac{16}{36} = \frac{8}{18} = \frac{24}{54}$

52. $\frac{2}{7} = \frac{4}{14} = \frac{20}{70} = \frac{14}{49}$

53. $\frac{14}{25} = \frac{28}{50} = \frac{84}{150} = \frac{98}{175}$

54. $\frac{2}{30} = \frac{12}{180} = \frac{20}{300} = \frac{4}{60}$

55. $\frac{14}{21} = \frac{70}{105} = \frac{56}{84} = \frac{140}{210}$

56. $\frac{12}{18} = \frac{72}{108} = \frac{60}{90} = \frac{84}{126}$

57. $\frac{31}{40} = \frac{93}{120} = \frac{124}{160} = \frac{310}{400}$

58. $\frac{3}{5} = \frac{27}{45} = \frac{24}{40} = \frac{18}{30}$

59. $\frac{6}{12} = \frac{54}{108} = \frac{60}{120} = \frac{18}{36}$

60. $\frac{1}{4} = \frac{8}{32} = \frac{7}{28} = \frac{2}{8}$

61. $\frac{3}{22} = \frac{12}{88} = \frac{18}{132} = \frac{30}{220}$

62. $\frac{1}{3} = \frac{5}{15} = \frac{4}{12} = \frac{8}{24}$

63. $\frac{1}{15} = \frac{7}{105} = \frac{8}{120} = \frac{10}{150}$

64. $\frac{19}{75} = \frac{171}{675} = \frac{76}{300} = \frac{133}{525}$

65. $\frac{10}{24} = \frac{60}{144} = \frac{100}{240} = \frac{90}{216}$

66. $\frac{29}{60} = \frac{116}{240} = \frac{58}{120} = \frac{174}{360}$

67. $\frac{3}{14} = \frac{6}{28} = \frac{9}{42} = \frac{27}{126}$

68. $\frac{4}{16} = \frac{28}{112} = \frac{16}{64} = \frac{8}{32}$

69. $\frac{2}{11} = \frac{6}{33} = \frac{14}{77} = \frac{16}{88}$

70. $\frac{5}{6} = \frac{20}{24} = \frac{25}{30} = \frac{50}{60}$

71. $\frac{3}{20} = \frac{6}{40} = \frac{30}{200} = \frac{15}{100}$

72. $\frac{2}{100} = \frac{18}{900} = \frac{16}{800} = \frac{18}{900}$

73. $\frac{3}{17} = \frac{24}{136} = \frac{27}{153} = \frac{9}{51}$

74. $\frac{10}{13} = \frac{50}{65} = \frac{80}{104} = \frac{30}{39}$

75. $\frac{8}{10} = \frac{32}{40} = \frac{80}{100} = \frac{16}{20}$

76. $\frac{70}{75} = \frac{560}{600} = \frac{210}{225} = \frac{280}{300}$

77. $\frac{62}{100} = \frac{434}{700} = \frac{620}{1000} = \frac{186}{300}$

78. $\frac{1}{5} = \frac{8}{40} = \frac{5}{25} = \frac{3}{15}$

79. $\frac{2}{24} = \frac{4}{48} = \frac{16}{192} = \frac{12}{144}$

80. $\frac{3}{6} = \frac{9}{18} = \frac{12}{24} = \frac{21}{42}$

81. $\frac{3}{15} = \frac{30}{150} = \frac{12}{60} = \frac{18}{90}$

82. $\frac{4}{9} = \frac{24}{54} = \frac{8}{18} = \frac{20}{45}$

83. $\frac{37}{50} = \frac{185}{250} = \frac{259}{350} = \frac{148}{200}$

84. $\frac{17}{18} = \frac{68}{72} = \frac{170}{180} = \frac{85}{90}$

85. $\frac{3}{13} = \frac{30}{130} = \frac{6}{26} = \frac{30}{130}$

86. $\frac{6}{12} = \frac{12}{24} = \frac{24}{48} = \frac{36}{72}$

87. $\frac{18}{25} = \frac{180}{250} = \frac{54}{75} = \frac{36}{50}$

88. $\frac{10}{11} = \frac{90}{99} = \frac{100}{110} = \frac{90}{99}$

89. $\frac{13}{16} = \frac{52}{64} = \frac{26}{32} = \frac{104}{128}$

90. $\frac{14}{20} = \frac{112}{160} = \frac{42}{60} = \frac{56}{80}$

91. $\frac{7}{60} = \frac{56}{480} = \frac{70}{600} = \frac{63}{540}$

92. $\frac{2}{17} = \frac{16}{136} = \frac{20}{170} = \frac{16}{136}$

93. $\frac{1}{4} = \frac{6}{24} = \frac{10}{40} = \frac{8}{32}$

94. $\frac{7}{30} = \frac{35}{150} = \frac{56}{240} = \frac{49}{210}$

95. $\frac{2}{3} = \frac{8}{12} = \frac{16}{24} = \frac{8}{12}$

96. $\frac{2}{7} = \frac{8}{28} = \frac{12}{42} = \frac{6}{21}$

97. $\frac{20}{22} = \frac{40}{44} = \frac{140}{154} = \frac{60}{66}$

98. $\frac{9}{21} = \frac{72}{168} = \frac{36}{84} = \frac{45}{105}$

99. $\frac{8}{14} = \frac{80}{140} = \frac{48}{84} = \frac{56}{98}$

100. $\frac{8}{40} = \frac{64}{320} = \frac{32}{160} = \frac{64}{320}$

H Compare les deux fractions dans chaque cas.

(1) $\frac{9}{13} > \frac{5}{11}$	(2) $\frac{6}{7} > \frac{2}{3}$	(3) $\frac{3}{15} < \frac{3}{4}$	(4) $\frac{12}{14} > \frac{2}{9}$	(5) $\frac{4}{10} < \frac{5}{6}$
(6) $\frac{4}{12} < \frac{1}{2}$	(7) $\frac{4}{5} > \frac{3}{8}$	(8) $\frac{7}{8} > \frac{3}{14}$	(9) $\frac{1}{4} < \frac{2}{3}$	(10) $\frac{1}{6} < \frac{10}{12}$
(11) $\frac{11}{13} > \frac{1}{2}$	(12) $\frac{3}{10} < \frac{5}{7}$	(13) $\frac{2}{15} < \frac{2}{11}$	(14) $\frac{2}{5} > \frac{2}{9}$	(15) $\frac{2}{4} > \frac{2}{7}$
(16) $\frac{4}{9} > \frac{2}{5}$	(17) $\frac{2}{14} < \frac{3}{8}$	(18) $\frac{1}{2} > \frac{5}{15}$	(19) $\frac{12}{13} > \frac{9}{12}$	(20) $\frac{2}{6} > \frac{3}{11}$
(21) $\frac{4}{10} < \frac{2}{3}$	(22) $\frac{3}{5} > \frac{2}{4}$	(23) $\frac{2}{12} < \frac{7}{10}$	(24) $\frac{5}{12} > \frac{1}{13}$	(25) $\frac{2}{5} < \frac{2}{3}$
(26) $\frac{1}{2} > \frac{1}{7}$	(27) $\frac{2}{6} < \frac{2}{4}$	(28) $\frac{7}{8} > \frac{8}{14}$	(29) $\frac{3}{11} > \frac{2}{9}$	(30) $\frac{10}{15} > \frac{1}{2}$
(31) $\frac{4}{11} < \frac{9}{13}$	(32) $\frac{4}{6} > \frac{1}{5}$	(33) $\frac{6}{10} < \frac{7}{8}$	(34) $\frac{6}{12} > \frac{6}{14}$	(35) $\frac{2}{3} = \frac{6}{9}$
(36) $\frac{1}{4} < \frac{6}{15}$	(37) $\frac{4}{7} < \frac{2}{3}$	(38) $\frac{1}{2} < \frac{9}{10}$	(39) $\frac{2}{4} < \frac{6}{8}$	(40) $\frac{8}{14} > \frac{5}{15}$
(41) $\frac{9}{13} > \frac{5}{12}$	(42) $\frac{8}{11} > \frac{3}{7}$	(43) $\frac{4}{5} > \frac{2}{6}$	(44) $\frac{1}{9} < \frac{2}{4}$	(45) $\frac{4}{9} > \frac{1}{7}$
(46) $\frac{1}{3} < \frac{8}{12}$	(47) $\frac{1}{6} < \frac{2}{8}$	(48) $\frac{9}{10} > \frac{8}{13}$	(49) $\frac{1}{2} > \frac{6}{14}$	(50) $\frac{10}{11} > \frac{1}{5}$
(51) $\frac{4}{15} < \frac{14}{15}$	(52) $\frac{4}{10} < \frac{7}{9}$	(53) $\frac{9}{13} > \frac{1}{6}$	(54) $\frac{5}{8} > \frac{1}{2}$	(55) $\frac{1}{3} < \frac{10}{11}$
(56) $\frac{6}{7} > \frac{2}{4}$	(57) $\frac{8}{12} > \frac{2}{5}$	(58) $\frac{5}{14} < \frac{11}{12}$	(59) $\frac{13}{15} > \frac{3}{9}$	(60) $\frac{1}{4} < \frac{2}{6}$
(61) $\frac{4}{5} > \frac{1}{8}$	(62) $\frac{1}{7} < \frac{7}{13}$	(63) $\frac{6}{10} > \frac{6}{11}$	(64) $\frac{1}{2} > \frac{1}{3}$	(65) $\frac{1}{14} < \frac{6}{8}$
(66) $\frac{8}{10} > \frac{2}{7}$	(67) $\frac{10}{13} > \frac{4}{9}$	(68) $\frac{2}{15} < \frac{9}{14}$	(69) $\frac{1}{3} > \frac{1}{4}$	(70) $\frac{9}{12} < \frac{5}{6}$
(71) $\frac{3}{5} > \frac{1}{2}$	(72) $\frac{4}{11} < \frac{8}{15}$	(73) $\frac{3}{13} < \frac{8}{14}$	(74) $\frac{1}{5} < \frac{3}{4}$	(75) $\frac{2}{3} < \frac{9}{10}$
(76) $\frac{7}{9} < \frac{6}{7}$	(77) $\frac{2}{8} < \frac{1}{2}$	(78) $\frac{4}{12} > \frac{2}{11}$	(79) $\frac{5}{6} < \frac{11}{13}$	(80) $\frac{1}{2} > \frac{1}{5}$

I Compare les deux fractions dans chaque cas.

(1) $\frac{26}{14} > \frac{15}{12}$	(2) $\frac{5}{2} < \frac{11}{4}$	(3) $\frac{29}{14} < \frac{15}{7}$	(4) $\frac{20}{13} < \frac{8}{3}$	(5) $\frac{15}{12} < \frac{13}{8}$
(6) $\frac{12}{5} > \frac{8}{6}$	(7) $\frac{15}{9} > \frac{12}{10}$	(8) $\frac{39}{15} > \frac{16}{11}$	(9) $\frac{7}{6} < \frac{23}{11}$	(10) $\frac{6}{5} < \frac{4}{3}$
(11) $\frac{7}{4} < \frac{5}{2}$	(12) $\frac{34}{14} < \frac{33}{13}$	(13) $\frac{13}{9} < \frac{16}{10}$	(14) $\frac{17}{8} > \frac{19}{12}$	(15) $\frac{8}{7} < \frac{38}{15}$
(16) $\frac{38}{14} > \frac{14}{11}$	(17) $\frac{7}{3} > \frac{18}{12}$	(18) $\frac{5}{2} > \frac{9}{6}$	(19) $\frac{11}{10} < \frac{16}{7}$	(20) $\frac{17}{8} > \frac{24}{15}$
(21) $\frac{22}{9} > \frac{8}{5}$	(22) $\frac{5}{4} < \frac{17}{13}$	(23) $\frac{38}{14} > \frac{8}{3}$	(24) $\frac{6}{4} < \frac{13}{8}$	(25) $\frac{7}{6} < \frac{22}{9}$
(26) $\frac{16}{15} < \frac{22}{10}$	(27) $\frac{14}{5} > \frac{26}{11}$	(28) $\frac{5}{2} > \frac{25}{13}$	(29) $\frac{19}{12} > \frac{10}{7}$	(30) $\frac{27}{10} > \frac{6}{5}$
(31) $\frac{4}{3} < \frac{11}{8}$	(32) $\frac{3}{2} < \frac{22}{9}$	(33) $\frac{29}{11} < \frac{19}{7}$	(34) $\frac{32}{15} > \frac{13}{12}$	(35) $\frac{6}{4} < \frac{30}{13}$
(36) $\frac{16}{6} > \frac{27}{14}$	(37) $\frac{5}{4} < \frac{13}{9}$	(38) $\frac{20}{7} > \frac{21}{13}$	(39) $\frac{18}{15} < \frac{34}{14}$	(40) $\frac{32}{11} > \frac{7}{5}$
(41) $\frac{13}{6} > \frac{25}{12}$	(42) $\frac{3}{2} < \frac{24}{10}$	(43) $\frac{11}{8} < \frac{8}{3}$	(44) $\frac{22}{8} > \frac{29}{11}$	(45) $\frac{15}{13} < \frac{9}{4}$
(46) $\frac{11}{10} < \frac{8}{5}$	(47) $\frac{31}{14} < \frac{8}{3}$	(48) $\frac{18}{12} < \frac{14}{6}$	(49) $\frac{19}{7} > \frac{36}{15}$	(50) $\frac{3}{2} < \frac{21}{9}$
(51) $\frac{11}{4} > \frac{32}{12}$	(52) $\frac{13}{7} > \frac{19}{13}$	(53) $\frac{38}{15} > \frac{5}{2}$	(54) $\frac{20}{8} > \frac{27}{11}$	(55) $\frac{7}{3} > \frac{9}{6}$
(56) $\frac{36}{14} > \frac{12}{10}$	(57) $\frac{6}{5} < \frac{25}{9}$	(58) $\frac{31}{13} < \frac{12}{5}$	(59) $\frac{11}{6} > \frac{13}{8}$	(60) $\frac{23}{14} > \frac{4}{3}$
(61) $\frac{17}{15} < \frac{10}{4}$	(62) $\frac{25}{10} > \frac{25}{12}$	(63) $\frac{26}{11} < \frac{5}{2}$	(64) $\frac{13}{7} > \frac{12}{9}$	(65) $\frac{18}{12} < \frac{5}{2}$
(66) $\frac{16}{7} > \frac{13}{6}$	(67) $\frac{23}{10} > \frac{13}{8}$	(68) $\frac{5}{4} > \frac{16}{14}$	(69) $\frac{15}{9} > \frac{13}{11}$	(70) $\frac{17}{15} < \frac{14}{5}$
(71) $\frac{38}{13} > \frac{8}{3}$	(72) $\frac{21}{10} < \frac{23}{8}$	(73) $\frac{7}{6} < \frac{27}{15}$	(74) $\frac{20}{13} < \frac{20}{7}$	(75) $\frac{11}{4} > \frac{23}{9}$
(76) $\frac{5}{2} > \frac{25}{14}$	(77) $\frac{29}{12} < \frac{8}{3}$	(78) $\frac{8}{3} > \frac{17}{9}$	(79) $\frac{29}{15} < \frac{31}{12}$	(80) $\frac{41}{14} > \frac{13}{6}$

J Compare les deux fractions dans chaque cas.

(1) $\frac{15}{50} < \frac{8}{16}$	(2) $\frac{15}{27} > \frac{3}{15}$	(3) $\frac{36}{56} > \frac{5}{25}$	(4) $\frac{12}{20} > \frac{6}{18}$	(5) $\frac{24}{32} > \frac{15}{42}$
(6) $\frac{36}{39} > \frac{4}{14}$	(7) $\frac{45}{55} > \frac{4}{48}$	(8) $\frac{30}{45} = \frac{16}{24}$	(9) $\frac{3}{6} < \frac{40}{75}$	(10) $\frac{6}{8} > \frac{12}{66}$
(11) $\frac{15}{18} > \frac{6}{12}$	(12) $\frac{18}{21} > \frac{5}{10}$	(13) $\frac{28}{52} < \frac{21}{30}$	(14) $\frac{4}{12} < \frac{16}{18}$	(15) $\frac{24}{56} < \frac{36}{72}$
(16) $\frac{10}{40} < \frac{18}{30}$	(17) $\frac{55}{75} > \frac{24}{33}$	(18) $\frac{32}{48} > \frac{10}{65}$	(19) $\frac{12}{32} < \frac{5}{10}$	(20) $\frac{30}{36} > \frac{4}{28}$
(21) $\frac{24}{56} < \frac{6}{8}$	(22) $\frac{4}{36} < \frac{3}{15}$	(23) $\frac{24}{60} > \frac{2}{6}$	(24) $\frac{15}{30} < \frac{14}{22}$	(25) $\frac{16}{24} > \frac{3}{6}$
(26) $\frac{4}{8} < \frac{18}{20}$	(27) $\frac{24}{48} < \frac{65}{75}$	(28) $\frac{9}{27} > \frac{12}{48}$	(29) $\frac{10}{26} < \frac{10}{25}$	(30) $\frac{30}{35} = \frac{36}{42}$
(31) $\frac{3}{9} < \frac{12}{15}$	(32) $\frac{12}{42} < \frac{8}{24}$	(33) $\frac{10}{12} < \frac{30}{33}$	(34) $\frac{24}{48} < \frac{39}{45}$	(35) $\frac{5}{10} < \frac{16}{28}$
(36) $\frac{8}{12} > \frac{2}{8}$	(37) $\frac{10}{45} < \frac{40}{52}$	(38) $\frac{48}{60} > \frac{2}{6}$	(39) $\frac{12}{20} < \frac{33}{45}$	(40) $\frac{10}{70} < \frac{56}{60}$
(41) $\frac{48}{78} > \frac{3}{6}$	(42) $\frac{6}{18} < \frac{28}{32}$	(43) $\frac{4}{20} < \frac{9}{21}$	(44) $\frac{5}{45} < \frac{18}{24}$	(45) $\frac{12}{30} > \frac{4}{44}$
(46) $\frac{10}{60} < \frac{4}{12}$	(47) $\frac{48}{60} > \frac{24}{33}$	(48) $\frac{8}{52} < \frac{5}{20}$	(49) $\frac{12}{16} > \frac{15}{30}$	(50) $\frac{10}{15} = \frac{24}{36}$
(51) $\frac{15}{21} > \frac{15}{45}$	(52) $\frac{12}{30} < \frac{6}{12}$	(53) $\frac{25}{70} < \frac{42}{45}$	(54) $\frac{12}{16} > \frac{12}{36}$	(55) $\frac{30}{54} > \frac{20}{44}$
(56) $\frac{5}{60} < \frac{10}{25}$	(57) $\frac{5}{10} > \frac{42}{90}$	(58) $\frac{6}{16} > \frac{5}{15}$	(59) $\frac{5}{35} < \frac{60}{84}$	(60) $\frac{24}{52} < \frac{30}{60}$
(61) $\frac{6}{12} < \frac{18}{21}$	(62) $\frac{18}{30} < \frac{21}{24}$	(63) $\frac{36}{48} > \frac{6}{36}$	(64) $\frac{3}{12} < \frac{10}{30}$	(65) $\frac{40}{50} > \frac{48}{66}$
(66) $\frac{14}{28} < \frac{15}{27}$	(67) $\frac{21}{39} > \frac{6}{18}$	(68) $\frac{28}{40} > \frac{8}{18}$	(69) $\frac{15}{40} < \frac{16}{26}$	(70) $\frac{8}{12} > \frac{4}{30}$
(71) $\frac{6}{8} > \frac{5}{25}$	(72) $\frac{33}{36} > \frac{24}{66}$	(73) $\frac{30}{70} > \frac{5}{35}$	(74) $\frac{5}{10} > \frac{5}{15}$	(75) $\frac{10}{25} < \frac{20}{24}$
(76) $\frac{2}{4} < \frac{18}{30}$	(77) $\frac{4}{16} < \frac{16}{28}$	(78) $\frac{12}{22} > \frac{6}{18}$	(79) $\frac{20}{30} > \frac{3}{12}$	(80) $\frac{6}{84} < \frac{10}{30}$

K Compare les deux fractions dans chaque cas.

(1) $2\frac{1}{2} < 9\frac{12}{15}$	(2) $5\frac{2}{3} < 7\frac{4}{6}$	(3) $5\frac{8}{9} < 8\frac{4}{12}$	(4) $9\frac{8}{11} > 4\frac{3}{4}$	(5) $7\frac{1}{13} > 3\frac{3}{5}$
(6) $7\frac{1}{2} > 3\frac{7}{14}$	(7) $2\frac{6}{7} < 5\frac{2}{15}$	(8) $8\frac{7}{10} > 5\frac{5}{8}$	(9) $3\frac{4}{10} < 6\frac{3}{11}$	(10) $7\frac{2}{9} > 3\frac{1}{13}$
(11) $9\frac{12}{14} > 7\frac{2}{5}$	(12) $3\frac{2}{3} > 2\frac{8}{12}$	(13) $1\frac{2}{4} < 9\frac{4}{8}$	(14) $3\frac{4}{15} < 7\frac{1}{2}$	(15) $5\frac{4}{6} < 7\frac{1}{7}$
(16) $2\frac{3}{8} > 1\frac{1}{9}$	(17) $8\frac{13}{14} > 5\frac{5}{13}$	(18) $2\frac{8}{11} < 3\frac{2}{12}$	(19) $3\frac{2}{3} < 7\frac{6}{15}$	(20) $7\frac{3}{7} < 7\frac{1}{2}$
(21) $9\frac{6}{10} > 6\frac{5}{6}$	(22) $6\frac{2}{5} > 2\frac{1}{4}$	(23) $5\frac{4}{5} < 7\frac{10}{12}$	(24) $3\frac{1}{2} < 7\frac{10}{13}$	(25) $4\frac{7}{8} < 7\frac{5}{7}$
(26) $2\frac{12}{15} < 4\frac{4}{10}$	(27) $2\frac{2}{3} < 9\frac{4}{11}$	(28) $6\frac{12}{14} < 9\frac{4}{9}$	(29) $3\frac{3}{4} < 5\frac{1}{6}$	(30) $4\frac{5}{15} < 4\frac{8}{12}$
(31) $3\frac{6}{10} > 3\frac{4}{8}$	(32) $5\frac{1}{3} > 4\frac{3}{5}$	(33) $6\frac{6}{13} < 9\frac{6}{7}$	(34) $9\frac{10}{11} > 4\frac{3}{4}$	(35) $4\frac{7}{14} > 2\frac{1}{2}$
(36) $3\frac{3}{9} < 4\frac{2}{6}$	(37) $9\frac{1}{13} > 4\frac{7}{8}$	(38) $3\frac{1}{2} < 5\frac{6}{15}$	(39) $5\frac{8}{12} > 5\frac{2}{9}$	(40) $2\frac{4}{7} < 4\frac{2}{10}$
(41) $9\frac{4}{6} > 3\frac{2}{4}$	(42) $4\frac{7}{11} < 7\frac{1}{5}$	(43) $7\frac{1}{3} < 9\frac{1}{14}$	(44) $5\frac{4}{7} > 4\frac{1}{4}$	(45) $2\frac{1}{2} < 4\frac{1}{5}$
(46) $2\frac{6}{11} > 1\frac{4}{15}$	(47) $4\frac{4}{14} < 5\frac{4}{13}$	(48) $4\frac{7}{8} > 3\frac{2}{3}$	(49) $4\frac{3}{10} > 3\frac{3}{6}$	(50) $9\frac{8}{12} > 6\frac{6}{9}$
(51) $2\frac{14}{15} < 4\frac{10}{11}$	(52) $5\frac{4}{13} > 2\frac{5}{6}$	(53) $7\frac{4}{12} > 4\frac{2}{4}$	(54) $8\frac{9}{10} > 4\frac{7}{8}$	(55) $5\frac{5}{7} > 3\frac{13}{14}$
(56) $6\frac{1}{9} > 2\frac{4}{5}$	(57) $7\frac{1}{3} > 2\frac{1}{2}$	(58) $8\frac{3}{4} > 2\frac{6}{9}$	(59) $5\frac{8}{15} > 4\frac{2}{6}$	(60) $8\frac{3}{9} < 8\frac{2}{3}$
(61) $2\frac{4}{10} < 2\frac{1}{2}$	(62) $3\frac{12}{14} < 5\frac{4}{12}$	(63) $2\frac{6}{13} < 2\frac{4}{7}$	(64) $4\frac{3}{4} > 4\frac{6}{11}$	(65) $8\frac{4}{15} > 6\frac{2}{5}$
(66) $7\frac{6}{8} > 6\frac{1}{3}$	(67) $3\frac{1}{13} < 4\frac{7}{8}$	(68) $6\frac{2}{5} < 8\frac{2}{14}$	(69) $2\frac{10}{15} < 9\frac{7}{9}$	(70) $8\frac{2}{4} > 7\frac{2}{7}$
(71) $2\frac{2}{6} < 8\frac{8}{10}$	(72) $5\frac{2}{12} > 2\frac{1}{2}$	(73) $1\frac{10}{11} < 5\frac{1}{7}$	(74) $2\frac{2}{3} < 7\frac{13}{14}$	(75) $5\frac{1}{8} < 6\frac{1}{4}$
(76) $9\frac{6}{15} > 8\frac{1}{9}$	(77) $8\frac{11}{12} > 8\frac{1}{2}$	(78) $6\frac{3}{6} > 5\frac{12}{13}$	(79) $7\frac{6}{10} > 7\frac{3}{11}$	(80) $3\frac{4}{5} < 5\frac{1}{2}$

L Calcule la somme des deux fractions dans chaque cas et donne le résultat sous la forme d'une fraction irréductible.

(1) $\frac{5}{8} + \frac{4}{8} = \frac{9}{8}$	(2) $\frac{3}{6} + \frac{3}{6} = \frac{1}{1}$	(3) $\frac{3}{5} + \frac{1}{5} = \frac{4}{5}$	(4) $\frac{5}{6} + \frac{3}{6} = \frac{4}{3}$	(5) $\frac{1}{4} + \frac{1}{4} = \frac{1}{2}$
(6) $\frac{1}{3} + \frac{1}{3} = \frac{2}{3}$	(7) $\frac{4}{8} + \frac{1}{8} = \frac{5}{8}$	(8) $\frac{6}{8} + \frac{1}{8} = \frac{7}{8}$	(9) $\frac{2}{4} + \frac{1}{4} = \frac{3}{4}$	(10) $\frac{2}{6} + \frac{5}{6} = \frac{7}{6}$
(11) $\frac{3}{5} + \frac{2}{5} = \frac{1}{1}$	(12) $\frac{1}{3} + \frac{2}{3} = \frac{1}{1}$	(13) $\frac{3}{5} + \frac{4}{5} = \frac{7}{5}$	(14) $\frac{5}{8} + \frac{6}{8} = \frac{11}{8}$	(15) $\frac{5}{6} + \frac{5}{6} = \frac{5}{3}$
(16) $\frac{1}{4} + \frac{3}{4} = \frac{1}{1}$	(17) $\frac{1}{5} + \frac{1}{5} = \frac{2}{5}$	(18) $\frac{6}{8} + \frac{6}{8} = \frac{3}{2}$	(19) $\frac{2}{3} + \frac{2}{3} = \frac{4}{3}$	(20) $\frac{4}{6} + \frac{3}{6} = \frac{7}{6}$
(21) $\frac{2}{5} + \frac{4}{5} = \frac{6}{5}$	(22) $\frac{2}{4} + \frac{2}{4} = \frac{1}{1}$	(23) $\frac{2}{5} + \frac{2}{5} = \frac{4}{5}$	(24) $\frac{3}{6} + \frac{1}{6} = \frac{2}{3}$	(25) $\frac{3}{8} + \frac{7}{8} = \frac{5}{4}$
(26) $\frac{2}{4} + \frac{3}{4} = \frac{5}{4}$	(27) $\frac{5}{8} + \frac{5}{8} = \frac{5}{4}$	(28) $\frac{3}{4} + \frac{2}{4} = \frac{5}{4}$	(29) $\frac{4}{5} + \frac{1}{5} = \frac{1}{1}$	(30) $\frac{1}{5} + \frac{4}{5} = \frac{1}{1}$
(31) $\frac{4}{8} + \frac{2}{8} = \frac{3}{4}$	(32) $\frac{3}{6} + \frac{2}{6} = \frac{5}{6}$	(33) $\frac{7}{8} + \frac{7}{8} = \frac{7}{4}$	(34) $\frac{3}{4} + \frac{1}{4} = \frac{1}{1}$	(35) $\frac{6}{8} + \frac{2}{8} = \frac{1}{1}$
(36) $\frac{4}{6} + \frac{5}{6} = \frac{3}{2}$	(37) $\frac{2}{8} + \frac{2}{8} = \frac{1}{2}$	(38) $\frac{2}{5} + \frac{3}{5} = \frac{1}{1}$	(39) $\frac{1}{6} + \frac{5}{6} = \frac{1}{1}$	(40) $\frac{2}{3} + \frac{1}{3} = \frac{1}{1}$
(41) $\frac{3}{8} + \frac{3}{8} = \frac{3}{4}$	(42) $\frac{5}{6} + \frac{4}{6} = \frac{3}{2}$	(43) $\frac{2}{8} + \frac{7}{8} = \frac{9}{8}$	(44) $\frac{2}{6} + \frac{3}{6} = \frac{5}{6}$	(45) $\frac{3}{5} + \frac{3}{5} = \frac{6}{5}$
(46) $\frac{2}{6} + \frac{4}{6} = \frac{1}{1}$	(47) $\frac{1}{8} + \frac{3}{8} = \frac{1}{2}$	(48) $\frac{1}{5} + \frac{3}{5} = \frac{4}{5}$	(49) $\frac{7}{8} + \frac{5}{8} = \frac{3}{2}$	(50) $\frac{4}{6} + \frac{2}{6} = \frac{1}{1}$
(51) $\frac{1}{6} + \frac{2}{6} = \frac{1}{2}$	(52) $\frac{4}{8} + \frac{7}{8} = \frac{11}{8}$	(53) $\frac{2}{8} + \frac{4}{8} = \frac{3}{4}$	(54) $\frac{2}{6} + \frac{1}{6} = \frac{1}{2}$	(55) $\frac{1}{6} + \frac{4}{6} = \frac{5}{6}$
(56) $\frac{6}{8} + \frac{4}{8} = \frac{5}{4}$	(57) $\frac{2}{8} + \frac{1}{8} = \frac{3}{8}$	(58) $\frac{1}{8} + \frac{2}{8} = \frac{3}{8}$	(59) $\frac{5}{8} + \frac{2}{8} = \frac{7}{8}$	(60) $\frac{3}{6} + \frac{5}{6} = \frac{4}{3}$
(61) $\frac{3}{4} + \frac{3}{4} = \frac{3}{2}$	(62) $\frac{2}{5} + \frac{1}{5} = \frac{3}{5}$	(63) $\frac{4}{5} + \frac{4}{5} = \frac{8}{5}$	(64) $\frac{3}{8} + \frac{1}{8} = \frac{1}{2}$	(65) $\frac{7}{8} + \frac{6}{8} = \frac{13}{8}$
(66) $\frac{4}{8} + \frac{5}{8} = \frac{9}{8}$	(67) $\frac{4}{5} + \frac{2}{5} = \frac{6}{5}$	(68) $\frac{7}{8} + \frac{4}{8} = \frac{11}{8}$	(69) $\frac{3}{6} + \frac{4}{6} = \frac{7}{6}$	(70) $\frac{4}{5} + \frac{3}{5} = \frac{7}{5}$
(71) $\frac{1}{8} + \frac{7}{8} = \frac{1}{1}$	(72) $\frac{1}{4} + \frac{2}{4} = \frac{3}{4}$	(73) $\frac{1}{5} + \frac{2}{5} = \frac{3}{5}$	(74) $\frac{2}{8} + \frac{6}{8} = \frac{1}{1}$	(75) $\frac{1}{6} + \frac{3}{6} = \frac{2}{3}$
(76) $\frac{2}{8} + \frac{3}{8} = \frac{5}{8}$	(77) $\frac{4}{8} + \frac{6}{8} = \frac{5}{4}$	(78) $\frac{3}{8} + \frac{4}{8} = \frac{7}{8}$	(79) $\frac{4}{6} + \frac{1}{6} = \frac{5}{6}$	(80) $\frac{1}{8} + \frac{6}{8} = \frac{7}{8}$
(81) $\frac{1}{8} + \frac{5}{8} = \frac{3}{4}$	(82) $\frac{4}{8} + \frac{3}{8} = \frac{7}{8}$	(83) $\frac{3}{8} + \frac{6}{8} = \frac{9}{8}$	(84) $\frac{2}{6} + \frac{2}{6} = \frac{2}{3}$	(85) $\frac{6}{8} + \frac{3}{8} = \frac{9}{8}$

M Calcule la somme des deux fractions dans chaque cas et donne le résultat sous la forme d'une fraction irréductible.

(1) $\frac{4}{5} + \frac{1}{4} = \frac{21}{20}$	(2) $\frac{2}{3} + \frac{1}{8} = \frac{19}{24}$	(3) $\frac{1}{6} + \frac{3}{6} = \frac{2}{3}$	(4) $\frac{2}{3} + \frac{1}{5} = \frac{13}{15}$	(5) $\frac{1}{6} + \frac{5}{8} = \frac{19}{24}$
(6) $\frac{3}{4} + \frac{3}{4} = \frac{3}{2}$	(7) $\frac{2}{6} + \frac{3}{5} = \frac{14}{15}$	(8) $\frac{2}{4} + \frac{5}{6} = \frac{4}{3}$	(9) $\frac{2}{6} + \frac{1}{3} = \frac{2}{3}$	(10) $\frac{1}{3} + \frac{5}{6} = \frac{7}{6}$
(11) $\frac{2}{8} + \frac{6}{8} = \frac{1}{1}$	(12) $\frac{2}{3} + \frac{2}{5} = \frac{16}{15}$	(13) $\frac{2}{4} + \frac{1}{4} = \frac{3}{4}$	(14) $\frac{2}{3} + \frac{1}{3} = \frac{1}{1}$	(15) $\frac{1}{8} + \frac{3}{5} = \frac{29}{40}$
(16) $\frac{2}{5} + \frac{3}{8} = \frac{31}{40}$	(17) $\frac{3}{6} + \frac{4}{6} = \frac{7}{6}$	(18) $\frac{2}{3} + \frac{4}{5} = \frac{22}{15}$	(19) $\frac{6}{8} + \frac{1}{4} = \frac{1}{1}$	(20) $\frac{2}{4} + \frac{3}{8} = \frac{7}{8}$
(21) $\frac{4}{5} + \frac{2}{3} = \frac{22}{15}$	(22) $\frac{2}{3} + \frac{3}{5} = \frac{19}{15}$	(23) $\frac{1}{4} + \frac{2}{3} = \frac{11}{12}$	(24) $\frac{1}{8} + \frac{3}{4} = \frac{7}{8}$	(25) $\frac{3}{5} + \frac{5}{6} = \frac{43}{30}$
(26) $\frac{5}{6} + \frac{4}{5} = \frac{49}{30}$	(27) $\frac{2}{3} + \frac{3}{6} = \frac{7}{6}$	(28) $\frac{1}{5} + \frac{1}{4} = \frac{9}{20}$	(29) $\frac{3}{6} + \frac{1}{5} = \frac{7}{10}$	(30) $\frac{3}{4} + \frac{1}{3} = \frac{13}{12}$
(31) $\frac{4}{6} + \frac{3}{8} = \frac{25}{24}$	(32) $\frac{1}{5} + \frac{2}{6} = \frac{8}{15}$	(33) $\frac{1}{3} + \frac{2}{3} = \frac{1}{1}$	(34) $\frac{1}{3} + \frac{6}{8} = \frac{13}{12}$	(35) $\frac{3}{4} + \frac{2}{5} = \frac{23}{20}$
(36) $\frac{1}{5} + \frac{1}{3} = \frac{8}{15}$	(37) $\frac{3}{8} + \frac{1}{4} = \frac{5}{8}$	(38) $\frac{5}{6} + \frac{3}{5} = \frac{43}{30}$	(39) $\frac{1}{6} + \frac{3}{4} = \frac{11}{12}$	(40) $\frac{1}{4} + \frac{5}{6} = \frac{13}{12}$
(41) $\frac{4}{6} + \frac{1}{8} = \frac{19}{24}$	(42) $\frac{4}{5} + \frac{3}{5} = \frac{7}{5}$	(43) $\frac{2}{4} + \frac{1}{3} = \frac{5}{6}$	(44) $\frac{4}{6} + \frac{6}{8} = \frac{17}{12}$	(45) $\frac{3}{6} + \frac{2}{3} = \frac{7}{6}$
(46) $\frac{3}{5} + \frac{3}{5} = \frac{6}{5}$	(47) $\frac{2}{4} + \frac{2}{4} = \frac{1}{1}$	(48) $\frac{1}{3} + \frac{3}{6} = \frac{5}{6}$	(49) $\frac{2}{5} + \frac{2}{3} = \frac{16}{15}$	(50) $\frac{2}{5} + \frac{2}{6} = \frac{11}{15}$
(51) $\frac{3}{4} + \frac{1}{5} = \frac{19}{20}$	(52) $\frac{4}{6} + \frac{4}{6} = \frac{4}{3}$	(53) $\frac{2}{6} + \frac{4}{5} = \frac{17}{15}$	(54) $\frac{1}{4} + \frac{3}{5} = \frac{17}{20}$	(55) $\frac{5}{6} + \frac{7}{8} = \frac{41}{24}$
(56) $\frac{4}{5} + \frac{5}{6} = \frac{49}{30}$	(57) $\frac{4}{6} + \frac{7}{8} = \frac{37}{24}$	(58) $\frac{3}{5} + \frac{2}{3} = \frac{19}{15}$	(59) $\frac{1}{4} + \frac{1}{3} = \frac{7}{12}$	(60) $\frac{1}{8} + \frac{1}{8} = \frac{1}{4}$
(61) $\frac{2}{3} + \frac{7}{8} = \frac{37}{24}$	(62) $\frac{1}{6} + \frac{2}{3} = \frac{5}{6}$	(63) $\frac{2}{4} + \frac{6}{8} = \frac{5}{4}$	(64) $\frac{4}{8} + \frac{3}{4} = \frac{5}{4}$	(65) $\frac{7}{8} + \frac{5}{8} = \frac{3}{2}$
(66) $\frac{2}{5} + \frac{2}{5} = \frac{4}{5}$	(67) $\frac{6}{8} + \frac{4}{5} = \frac{31}{20}$	(68) $\frac{5}{6} + \frac{2}{3} = \frac{3}{2}$	(69) $\frac{2}{3} + \frac{3}{4} = \frac{17}{12}$	(70) $\frac{3}{4} + \frac{5}{6} = \frac{19}{12}$
(71) $\frac{1}{3} + \frac{1}{8} = \frac{11}{24}$	(72) $\frac{1}{5} + \frac{4}{5} = \frac{1}{1}$	(73) $\frac{2}{6} + \frac{2}{6} = \frac{2}{3}$	(74) $\frac{1}{4} + \frac{4}{8} = \frac{3}{4}$	(75) $\frac{4}{8} + \frac{1}{6} = \frac{2}{3}$
(76) $\frac{2}{5} + \frac{1}{3} = \frac{11}{15}$	(77) $\frac{1}{5} + \frac{1}{8} = \frac{13}{40}$	(78) $\frac{2}{4} + \frac{2}{6} = \frac{5}{6}$	(79) $\frac{2}{3} + \frac{1}{6} = \frac{5}{6}$	(80) $\frac{5}{8} + \frac{2}{5} = \frac{41}{40}$
(81) $\frac{2}{3} + \frac{2}{3} = \frac{4}{3}$	(82) $\frac{1}{4} + \frac{7}{8} = \frac{9}{8}$	(83) $\frac{3}{5} + \frac{1}{4} = \frac{17}{20}$	(84) $\frac{1}{3} + \frac{3}{5} = \frac{14}{15}$	(85) $\frac{6}{8} + \frac{3}{6} = \frac{5}{4}$

N Calcule la somme des deux fractions dans chaque cas et donne le résultat sous la forme d'une fraction irréductible.

(1) $\frac{4}{14} + \frac{2}{6} = \frac{13}{21}$	(2) $\frac{3}{5} + \frac{2}{3} = \frac{19}{15}$	(3) $\frac{5}{18} + \frac{3}{5} = \frac{79}{90}$	(4) $\frac{6}{9} + \frac{3}{4} = \frac{17}{12}$
(5) $\frac{3}{4} + \frac{5}{6} = \frac{19}{12}$	(6) $\frac{3}{5} + \frac{1}{5} = \frac{4}{5}$	(7) $\frac{12}{16} + \frac{4}{5} = \frac{31}{20}$	(8) $\frac{15}{20} + \frac{2}{3} = \frac{17}{12}$
(9) $\frac{5}{12} + \frac{1}{8} = \frac{13}{24}$	(10) $\frac{29}{100} + \frac{2}{3} = \frac{287}{300}$	(11) $\frac{6}{8} + \frac{1}{4} = \frac{1}{1}$	(12) $\frac{12}{15} + \frac{2}{6} = \frac{17}{15}$
(13) $\frac{7}{21} + \frac{2}{8} = \frac{7}{12}$	(14) $\frac{4}{8} + \frac{1}{3} = \frac{5}{6}$	(15) $\frac{14}{25} + \frac{4}{5} = \frac{34}{25}$	(16) $\frac{11}{12} + \frac{2}{3} = \frac{19}{12}$
(17) $\frac{6}{50} + \frac{4}{6} = \frac{59}{75}$	(18) $\frac{3}{5} + \frac{2}{4} = \frac{11}{10}$	(19) $\frac{22}{30} + \frac{4}{5} = \frac{23}{15}$	(20) $\frac{5}{6} + \frac{2}{8} = \frac{13}{12}$
(21) $\frac{3}{21} + \frac{3}{4} = \frac{25}{28}$	(22) $\frac{14}{25} + \frac{3}{6} = \frac{53}{50}$	(23) $\frac{8}{18} + \frac{2}{8} = \frac{25}{36}$	(24) $\frac{9}{20} + \frac{4}{5} = \frac{5}{4}$
(25) $\frac{2}{6} + \frac{2}{4} = \frac{5}{6}$	(26) $\frac{7}{15} + \frac{2}{3} = \frac{17}{15}$	(27) $\frac{1}{3} + \frac{2}{4} = \frac{5}{6}$	(28) $\frac{5}{30} + \frac{1}{3} = \frac{1}{2}$
(29) $\frac{6}{12} + \frac{4}{8} = \frac{1}{1}$	(30) $\frac{1}{3} + \frac{1}{3} = \frac{2}{3}$	(31) $\frac{1}{5} + \frac{1}{4} = \frac{9}{20}$	(32) $\frac{6}{15} + \frac{3}{4} = \frac{23}{20}$
(33) $\frac{16}{18} + \frac{1}{8} = \frac{73}{72}$	(34) $\frac{26}{30} + \frac{1}{3} = \frac{6}{5}$	(35) $\frac{10}{50} + \frac{2}{4} = \frac{7}{10}$	(36) $\frac{13}{14} + \frac{3}{8} = \frac{73}{56}$
(37) $\frac{5}{20} + \frac{1}{3} = \frac{7}{12}$	(38) $\frac{10}{12} + \frac{4}{5} = \frac{49}{30}$	(39) $\frac{2}{4} + \frac{3}{8} = \frac{7}{8}$	(40) $\frac{24}{30} + \frac{1}{6} = \frac{29}{30}$
(41) $\frac{2}{3} + \frac{2}{3} = \frac{4}{3}$	(42) $\frac{2}{25} + \frac{1}{6} = \frac{37}{150}$	(43) $\frac{5}{14} + \frac{2}{5} = \frac{53}{70}$	(44) $\frac{3}{12} + \frac{4}{6} = \frac{11}{12}$
(45) $\frac{9}{16} + \frac{4}{8} = \frac{17}{16}$	(46) $\frac{16}{18} + \frac{1}{4} = \frac{41}{36}$	(47) $\frac{10}{21} + \frac{6}{8} = \frac{103}{84}$	(48) $\frac{1}{6} + \frac{3}{4} = \frac{11}{12}$
(49) $\frac{14}{30} + \frac{4}{6} = \frac{17}{15}$	(50) $\frac{2}{3} + \frac{1}{3} = \frac{1}{1}$	(51) $\frac{12}{40} + \frac{2}{5} = \frac{7}{10}$	(52) $\frac{5}{8} + \frac{3}{4} = \frac{11}{8}$
(53) $\frac{8}{14} + \frac{1}{8} = \frac{39}{56}$	(54) $\frac{4}{15} + \frac{2}{5} = \frac{2}{3}$	(55) $\frac{15}{25} + \frac{2}{8} = \frac{17}{20}$	(56) $\frac{13}{20} + \frac{1}{6} = \frac{49}{60}$
(57) $\frac{2}{4} + \frac{1}{3} = \frac{5}{6}$	(58) $\frac{2}{8} + \frac{2}{5} = \frac{13}{20}$	(59) $\frac{2}{12} + \frac{1}{3} = \frac{1}{2}$	(60) $\frac{11}{20} + \frac{2}{5} = \frac{19}{20}$
(61) $\frac{7}{9} + \frac{2}{8} = \frac{37}{36}$	(62) $\frac{1}{3} + \frac{2}{3} = \frac{1}{1}$	(63) $\frac{9}{16} + \frac{3}{5} = \frac{93}{80}$	(64) $\frac{5}{6} + \frac{3}{8} = \frac{29}{24}$
(65) $\frac{92}{100} + \frac{1}{6} = \frac{163}{150}$	(66) $\frac{25}{50} + \frac{4}{5} = \frac{13}{10}$	(67) $\frac{7}{9} + \frac{2}{5} = \frac{53}{45}$	(68) $\frac{18}{21} + \frac{3}{8} = \frac{69}{56}$

O Calcule la différence des deux fractions dans chaque cas et donne le résultat sous la forme d'une fraction irréductible.

(1) $\frac{2}{3} - \frac{1}{3} = \frac{1}{3}$	(2) $\frac{2}{6} - \frac{1}{6} = \frac{1}{6}$	(3) $\frac{4}{5} - \frac{3}{5} = \frac{1}{5}$	(4) $\frac{7}{8} - \frac{6}{8} = \frac{1}{8}$	(5) $\frac{3}{4} - \frac{1}{4} = \frac{1}{2}$
(6) $\frac{5}{8} - \frac{3}{8} = \frac{1}{4}$	(7) $\frac{4}{5} - \frac{2}{5} = \frac{2}{5}$	(8) $\frac{3}{6} - \frac{2}{6} = \frac{1}{6}$	(9) $\frac{5}{8} - \frac{4}{8} = \frac{1}{8}$	(10) $\frac{3}{4} - \frac{2}{4} = \frac{1}{4}$
(11) $\frac{3}{5} - \frac{2}{5} = \frac{1}{5}$	(12) $\frac{5}{6} - \frac{1}{6} = \frac{2}{3}$	(13) $\frac{3}{8} - \frac{1}{8} = \frac{1}{4}$	(14) $\frac{5}{6} - \frac{4}{6} = \frac{1}{6}$	(15) $\frac{6}{8} - \frac{4}{8} = \frac{1}{4}$
(16) $\frac{2}{4} - \frac{1}{4} = \frac{1}{4}$	(17) $\frac{3}{5} - \frac{1}{5} = \frac{2}{5}$	(18) $\frac{2}{8} - \frac{1}{8} = \frac{1}{8}$	(19) $\frac{4}{6} - \frac{1}{6} = \frac{1}{2}$	(20) $\frac{4}{8} - \frac{3}{8} = \frac{1}{8}$
(21) $\frac{4}{5} - \frac{1}{5} = \frac{3}{5}$	(22) $\frac{7}{8} - \frac{4}{8} = \frac{3}{8}$	(23) $\frac{4}{6} - \frac{3}{6} = \frac{1}{6}$	(24) $\frac{6}{8} - \frac{5}{8} = \frac{1}{8}$	(25) $\frac{5}{6} - \frac{3}{6} = \frac{1}{3}$
(26) $\frac{4}{8} - \frac{2}{8} = \frac{1}{4}$	(27) $\frac{3}{6} - \frac{1}{6} = \frac{1}{3}$	(28) $\frac{3}{8} - \frac{2}{8} = \frac{1}{8}$	(29) $\frac{5}{6} - \frac{2}{6} = \frac{1}{2}$	(30) $\frac{2}{5} - \frac{1}{5} = \frac{1}{5}$
(31) $\frac{5}{8} - \frac{1}{8} = \frac{1}{2}$	(32) $\frac{7}{8} - \frac{2}{8} = \frac{5}{8}$	(33) $\frac{4}{6} - \frac{2}{6} = \frac{1}{3}$	(34) $\frac{6}{8} - \frac{1}{8} = \frac{5}{8}$	(35) $\frac{5}{8} - \frac{2}{8} = \frac{3}{8}$
(36) $\frac{7}{8} - \frac{5}{8} = \frac{1}{4}$	(37) $\frac{7}{8} - \frac{3}{8} = \frac{1}{2}$	(38) $\frac{7}{8} - \frac{1}{8} = \frac{3}{4}$	(39) $\frac{6}{8} - \frac{3}{8} = \frac{3}{8}$	(40) $\frac{4}{8} - \frac{1}{8} = \frac{3}{8}$
(41) $\frac{6}{8} - \frac{2}{8} = \frac{1}{2}$	(42) $\frac{3}{4} - \frac{1}{4} = \frac{1}{2}$	(43) $\frac{4}{5} - \frac{3}{5} = \frac{1}{5}$	(44) $\frac{3}{5} - \frac{2}{5} = \frac{1}{5}$	(45) $\frac{4}{6} - \frac{2}{6} = \frac{1}{3}$
(46) $\frac{2}{3} - \frac{1}{3} = \frac{1}{3}$	(47) $\frac{5}{6} - \frac{4}{6} = \frac{1}{6}$	(48) $\frac{3}{4} - \frac{1}{4} = \frac{1}{2}$	(49) $\frac{4}{6} - \frac{3}{6} = \frac{1}{6}$	(50) $\frac{4}{8} - \frac{1}{8} = \frac{3}{8}$
(51) $\frac{7}{8} - \frac{6}{8} = \frac{1}{8}$	(52) $\frac{2}{3} - \frac{1}{3} = \frac{1}{3}$	(53) $\frac{7}{8} - \frac{3}{8} = \frac{1}{2}$	(54) $\frac{2}{3} - \frac{1}{3} = \frac{1}{3}$	(55) $\frac{5}{8} - \frac{4}{8} = \frac{1}{8}$
(56) $\frac{4}{6} - \frac{2}{6} = \frac{1}{3}$	(57) $\frac{5}{6} - \frac{3}{6} = \frac{1}{3}$	(58) $\frac{7}{8} - \frac{2}{8} = \frac{5}{8}$	(59) $\frac{2}{4} - \frac{1}{4} = \frac{1}{4}$	(60) $\frac{2}{5} - \frac{1}{5} = \frac{1}{5}$
(61) $\frac{3}{4} - \frac{2}{4} = \frac{1}{4}$	(62) $\frac{3}{4} - \frac{2}{4} = \frac{1}{4}$	(63) $\frac{2}{3} - \frac{1}{3} = \frac{1}{3}$	(64) $\frac{2}{3} - \frac{1}{3} = \frac{1}{3}$	(65) $\frac{4}{6} - \frac{2}{6} = \frac{1}{3}$
(66) $\frac{5}{8} - \frac{1}{8} = \frac{1}{2}$	(67) $\frac{4}{5} - \frac{1}{5} = \frac{3}{5}$	(68) $\frac{3}{8} - \frac{2}{8} = \frac{1}{8}$	(69) $\frac{3}{4} - \frac{2}{4} = \frac{1}{4}$	(70) $\frac{4}{6} - \frac{2}{6} = \frac{1}{3}$
(71) $\frac{2}{4} - \frac{1}{4} = \frac{1}{4}$	(72) $\frac{4}{5} - \frac{3}{5} = \frac{1}{5}$	(73) $\frac{6}{8} - \frac{1}{8} = \frac{5}{8}$	(74) $\frac{3}{4} - \frac{1}{4} = \frac{1}{2}$	(75) $\frac{5}{8} - \frac{1}{8} = \frac{1}{2}$
(76) $\frac{4}{6} - \frac{1}{6} = \frac{1}{2}$	(77) $\frac{2}{4} - \frac{1}{4} = \frac{1}{4}$	(78) $\frac{3}{4} - \frac{2}{4} = \frac{1}{4}$	(79) $\frac{4}{6} - \frac{1}{6} = \frac{1}{2}$	(80) $\frac{4}{8} - \frac{3}{8} = \frac{1}{8}$
(81) $\frac{2}{3} - \frac{1}{3} = \frac{1}{3}$	(82) $\frac{3}{4} - \frac{1}{4} = \frac{1}{2}$	(83) $\frac{4}{5} - \frac{3}{5} = \frac{1}{5}$	(84) $\frac{3}{6} - \frac{1}{6} = \frac{1}{3}$	(85) $\frac{2}{5} - \frac{1}{5} = \frac{1}{5}$

P Calcule la différence des deux fractions dans chaque cas et donne le résultat sous la forme d'une fraction irréductible.

(1) $\frac{5}{6} - \frac{1}{5} = \frac{19}{30}$	(2) $\frac{5}{8} - \frac{1}{4} = \frac{3}{8}$	(3) $\frac{3}{8} - \frac{1}{3} = \frac{1}{24}$	(4) $\frac{2}{4} - \frac{3}{8} = \frac{1}{8}$	(5) $\frac{3}{4} - \frac{4}{6} = \frac{1}{12}$
(6) $\frac{4}{8} - \frac{1}{3} = \frac{1}{6}$	(7) $\frac{2}{3} - \frac{2}{6} = \frac{1}{3}$	(8) $\frac{3}{4} - \frac{3}{6} = \frac{1}{4}$	(9) $\frac{2}{3} - \frac{2}{8} = \frac{5}{12}$	(10) $\frac{5}{6} - \frac{1}{3} = \frac{1}{2}$
(11) $\frac{3}{5} - \frac{1}{6} = \frac{13}{30}$	(12) $\frac{1}{4} - \frac{1}{6} = \frac{1}{12}$	(13) $\frac{2}{3} - \frac{3}{8} = \frac{7}{24}$	(14) $\frac{3}{4} - \frac{1}{4} = \frac{1}{2}$	(15) $\frac{1}{4} - \frac{1}{5} = \frac{1}{20}$
(16) $\frac{4}{6} - \frac{1}{4} = \frac{5}{12}$	(17) $\frac{7}{8} - \frac{1}{4} = \frac{5}{8}$	(18) $\frac{4}{5} - \frac{1}{4} = \frac{11}{20}$	(19) $\frac{3}{4} - \frac{3}{5} = \frac{3}{20}$	(20) $\frac{6}{8} - \frac{2}{3} = \frac{1}{12}$
(21) $\frac{5}{6} - \frac{2}{5} = \frac{13}{30}$	(22) $\frac{4}{5} - \frac{3}{4} = \frac{1}{20}$	(23) $\frac{2}{3} - \frac{1}{5} = \frac{7}{15}$	(24) $\frac{2}{5} - \frac{1}{3} = \frac{1}{15}$	(25) $\frac{7}{8} - \frac{3}{4} = \frac{1}{8}$
(26) $\frac{1}{5} - \frac{1}{6} = \frac{1}{30}$	(27) $\frac{4}{5} - \frac{2}{4} = \frac{3}{10}$	(28) $\frac{4}{8} - \frac{1}{5} = \frac{3}{10}$	(29) $\frac{4}{6} - \frac{1}{8} = \frac{13}{24}$	(30) $\frac{4}{8} - \frac{2}{6} = \frac{1}{6}$
(31) $\frac{5}{6} - \frac{3}{4} = \frac{1}{12}$	(32) $\frac{4}{5} - \frac{1}{3} = \frac{7}{15}$	(33) $\frac{6}{8} - \frac{2}{4} = \frac{1}{4}$	(34) $\frac{3}{8} - \frac{1}{4} = \frac{1}{8}$	(35) $\frac{2}{4} - \frac{2}{6} = \frac{1}{6}$
(36) $\frac{2}{3} - \frac{1}{3} = \frac{1}{3}$	(37) $\frac{1}{3} - \frac{1}{5} = \frac{2}{15}$	(38) $\frac{2}{5} - \frac{2}{6} = \frac{1}{15}$	(39) $\frac{1}{3} - \frac{2}{8} = \frac{1}{12}$	(40) $\frac{3}{6} - \frac{1}{5} = \frac{3}{10}$
(41) $\frac{3}{5} - \frac{3}{8} = \frac{9}{40}$	(42) $\frac{4}{5} - \frac{2}{3} = \frac{2}{15}$	(43) $\frac{2}{3} - \frac{3}{5} = \frac{1}{15}$	(44) $\frac{7}{8} - \frac{1}{5} = \frac{27}{40}$	(45) $\frac{2}{3} - \frac{1}{6} = \frac{1}{2}$
(46) $\frac{3}{4} - \frac{1}{6} = \frac{7}{12}$	(47) $\frac{7}{8} - \frac{3}{8} = \frac{1}{2}$	(48) $\frac{1}{3} - \frac{1}{8} = \frac{5}{24}$	(49) $\frac{3}{4} - \frac{1}{5} = \frac{11}{20}$	(50) $\frac{5}{6} - \frac{4}{5} = \frac{1}{30}$
(51) $\frac{3}{5} - \frac{4}{8} = \frac{1}{10}$	(52) $\frac{1}{3} - \frac{1}{6} = \frac{1}{6}$	(53) $\frac{3}{4} - \frac{2}{4} = \frac{1}{4}$	(54) $\frac{2}{5} - \frac{1}{6} = \frac{7}{30}$	(55) $\frac{3}{4} - \frac{2}{8} = \frac{1}{2}$
(56) $\frac{3}{4} - \frac{2}{6} = \frac{5}{12}$	(57) $\frac{2}{4} - \frac{1}{6} = \frac{1}{3}$	(58) $\frac{3}{5} - \frac{2}{8} = \frac{7}{20}$	(59) $\frac{4}{6} - \frac{2}{8} = \frac{5}{12}$	(60) $\frac{3}{5} - \frac{2}{4} = \frac{1}{10}$
(61) $\frac{2}{4} - \frac{1}{5} = \frac{3}{10}$	(62) $\frac{4}{6} - \frac{1}{5} = \frac{7}{15}$	(63) $\frac{6}{8} - \frac{1}{4} = \frac{1}{2}$	(64) $\frac{7}{8} - \frac{3}{6} = \frac{3}{8}$	(65) $\frac{5}{6} - \frac{6}{8} = \frac{1}{12}$
(66) $\frac{6}{8} - \frac{1}{3} = \frac{5}{12}$	(67) $\frac{3}{4} - \frac{2}{3} = \frac{1}{12}$	(68) $\frac{2}{4} - \frac{1}{3} = \frac{1}{6}$	(69) $\frac{5}{6} - \frac{1}{8} = \frac{17}{24}$	(70) $\frac{4}{6} - \frac{1}{3} = \frac{1}{3}$
(71) $\frac{4}{5} - \frac{1}{6} = \frac{19}{30}$	(72) $\frac{7}{8} - \frac{2}{6} = \frac{13}{24}$	(73) $\frac{4}{5} - \frac{3}{6} = \frac{3}{10}$	(74) $\frac{5}{6} - \frac{2}{4} = \frac{1}{3}$	(75) $\frac{6}{8} - \frac{4}{6} = \frac{1}{12}$
(76) $\frac{2}{3} - \frac{5}{8} = \frac{1}{24}$	(77) $\frac{3}{4} - \frac{4}{8} = \frac{1}{4}$	(78) $\frac{5}{6} - \frac{3}{5} = \frac{7}{30}$	(79) $\frac{2}{6} - \frac{2}{8} = \frac{1}{12}$	(80) $\frac{4}{5} - \frac{4}{6} = \frac{2}{15}$
(81) $\frac{2}{5} - \frac{3}{8} = \frac{1}{40}$	(82) $\frac{2}{3} - \frac{3}{6} = \frac{1}{6}$	(83) $\frac{5}{6} - \frac{3}{8} = \frac{11}{24}$	(84) $\frac{2}{3} - \frac{2}{4} = \frac{1}{6}$	(85) $\frac{5}{8} - \frac{4}{8} = \frac{1}{8}$

Q Calcule le produit des deux fractions dans chaque cas et donne le résultat sous la forme d'une fraction irréductible.

(1) $\frac{6}{13} \times \frac{4}{13} = \frac{24}{169}$	(2) $\frac{2}{4} \times \frac{11}{14} = \frac{11}{28}$	(3) $\frac{2}{6} \times \frac{5}{7} = \frac{5}{21}$	(4) $\frac{6}{10} \times \frac{3}{6} = \frac{3}{10}$
(5) $\frac{5}{6} \times \frac{1}{2} = \frac{5}{12}$	(6) $\frac{13}{14} \times \frac{1}{4} = \frac{13}{56}$	(7) $\frac{5}{15} \times \frac{5}{9} = \frac{5}{27}$	(8) $\frac{5}{7} \times \frac{1}{10} = \frac{1}{14}$
(9) $\frac{2}{3} \times \frac{8}{14} = \frac{8}{21}$	(10) $\frac{1}{9} \times \frac{3}{11} = \frac{1}{33}$	(11) $\frac{1}{11} \times \frac{2}{3} = \frac{2}{33}$	(12) $\frac{3}{14} \times \frac{14}{15} = \frac{1}{5}$
(13) $\frac{6}{15} \times \frac{4}{10} = \frac{4}{25}$	(14) $\frac{9}{10} \times \frac{1}{2} = \frac{9}{20}$	(15) $\frac{1}{2} \times \frac{6}{7} = \frac{3}{7}$	(16) $\frac{2}{3} \times \frac{4}{6} = \frac{4}{9}$
(17) $\frac{3}{6} \times \frac{2}{4} = \frac{1}{4}$	(18) $\frac{4}{5} \times \frac{14}{15} = \frac{56}{75}$	(19) $\frac{4}{12} \times \frac{4}{11} = \frac{4}{33}$	(20) $\frac{3}{7} \times \frac{1}{7} = \frac{3}{49}$
(21) $\frac{2}{13} \times \frac{1}{8} = \frac{1}{52}$	(22) $\frac{4}{6} \times \frac{2}{3} = \frac{4}{9}$	(23) $\frac{2}{3} \times \frac{7}{13} = \frac{14}{39}$	(24) $\frac{2}{10} \times \frac{1}{10} = \frac{1}{50}$
(25) $\frac{1}{8} \times \frac{8}{11} = \frac{1}{11}$	(26) $\frac{11}{15} \times \frac{1}{2} = \frac{11}{30}$	(27) $\frac{1}{2} \times \frac{4}{7} = \frac{2}{7}$	(28) $\frac{1}{4} \times \frac{4}{5} = \frac{1}{5}$
(29) $\frac{2}{10} \times \frac{6}{9} = \frac{2}{15}$	(30) $\frac{5}{14} \times \frac{11}{13} = \frac{55}{182}$	(31) $\frac{7}{9} \times \frac{3}{4} = \frac{7}{12}$	(32) $\frac{3}{6} \times \frac{1}{14} = \frac{1}{28}$
(33) $\frac{6}{7} \times \frac{2}{8} = \frac{3}{14}$	(34) $\frac{8}{14} \times \frac{8}{9} = \frac{32}{63}$	(35) $\frac{3}{5} \times \frac{2}{3} = \frac{2}{5}$	(36) $\frac{7}{10} \times \frac{2}{6} = \frac{7}{30}$
(37) $\frac{1}{3} \times \frac{1}{10} = \frac{1}{30}$	(38) $\frac{2}{13} \times \frac{1}{15} = \frac{2}{195}$	(39) $\frac{1}{2} \times \frac{4}{10} = \frac{1}{5}$	(40) $\frac{2}{5} \times \frac{3}{4} = \frac{3}{10}$
(41) $\frac{3}{10} \times \frac{11}{12} = \frac{11}{40}$	(42) $\frac{2}{3} \times \frac{2}{6} = \frac{2}{9}$	(43) $\frac{2}{13} \times \frac{1}{2} = \frac{1}{13}$	(44) $\frac{2}{6} \times \frac{6}{7} = \frac{2}{7}$
(45) $\frac{1}{4} \times \frac{1}{11} = \frac{1}{44}$	(46) $\frac{2}{3} \times \frac{1}{2} = \frac{1}{3}$	(47) $\frac{11}{12} \times \frac{4}{7} = \frac{11}{21}$	(48) $\frac{4}{13} \times \frac{1}{9} = \frac{4}{117}$
(49) $\frac{9}{14} \times \frac{8}{13} = \frac{36}{91}$	(50) $\frac{6}{8} \times \frac{1}{3} = \frac{1}{4}$	(51) $\frac{5}{6} \times \frac{5}{15} = \frac{5}{18}$	(52) $\frac{3}{7} \times \frac{2}{4} = \frac{3}{14}$
(53) $\frac{1}{3} \times \frac{4}{8} = \frac{1}{6}$	(54) $\frac{1}{2} \times \frac{5}{10} = \frac{1}{4}$	(55) $\frac{6}{15} \times \frac{1}{2} = \frac{1}{5}$	(56) $\frac{9}{11} \times \frac{2}{3} = \frac{6}{11}$
(57) $\frac{1}{5} \times \frac{7}{15} = \frac{7}{75}$	(58) $\frac{4}{6} \times \frac{9}{12} = \frac{1}{2}$	(59) $\frac{5}{12} \times \frac{1}{15} = \frac{1}{36}$	(60) $\frac{7}{8} \times \frac{1}{10} = \frac{7}{80}$
(61) $\frac{7}{9} \times \frac{9}{13} = \frac{7}{13}$	(62) $\frac{7}{10} \times \frac{8}{14} = \frac{2}{5}$	(63) $\frac{11}{13} \times \frac{1}{9} = \frac{11}{117}$	(64) $\frac{6}{15} \times \frac{5}{11} = \frac{2}{11}$
(65) $\frac{4}{5} \times \frac{1}{5} = \frac{4}{25}$	(66) $\frac{2}{6} \times \frac{4}{14} = \frac{2}{21}$	(67) $\frac{3}{6} \times \frac{1}{3} = \frac{1}{6}$	(68) $\frac{11}{12} \times \frac{9}{10} = \frac{33}{40}$

R Calcule le produit des deux fractions dans chaque cas et donne le résultat sous la forme d'une fraction irréductible.

(1) $\frac{2}{12} \times 6 = \frac{1}{1}$	(2) $\frac{1}{2} \times 3 = \frac{3}{2}$	(3) $\frac{3}{14} \times 6 = \frac{9}{7}$	(4) $\frac{1}{12} \times 2 = \frac{1}{6}$	(5) $\frac{5}{7} \times 3 = \frac{15}{7}$
(6) $\frac{3}{4} \times 3 = \frac{9}{4}$	(7) $\frac{8}{15} \times 6 = \frac{16}{5}$	(8) $\frac{3}{5} \times 6 = \frac{18}{5}$	(9) $\frac{10}{13} \times 1 = \frac{10}{13}$	(10) $\frac{10}{14} \times 4 = \frac{20}{7}$
(11) $\frac{4}{7} \times 1 = \frac{4}{7}$	(12) $\frac{3}{5} \times 3 = \frac{9}{5}$	(13) $\frac{1}{11} \times 6 = \frac{6}{11}$	(14) $\frac{1}{14} \times 5 = \frac{5}{14}$	(15) $\frac{2}{3} \times 7 = \frac{14}{3}$
(16) $\frac{7}{10} \times 9 = \frac{63}{10}$	(17) $\frac{7}{12} \times 2 = \frac{7}{6}$	(18) $\frac{6}{8} \times 8 = \frac{6}{1}$	(19) $\frac{14}{15} \times 1 = \frac{14}{15}$	(20) $\frac{1}{3} \times 1 = \frac{1}{3}$
(21) $\frac{3}{10} \times 5 = \frac{3}{2}$	(22) $\frac{1}{11} \times 3 = \frac{3}{11}$	(23) $\frac{1}{7} \times 6 = \frac{6}{7}$	(24) $\frac{9}{13} \times 7 = \frac{63}{13}$	(25) $\frac{1}{4} \times 3 = \frac{3}{4}$
(26) $\frac{1}{2} \times 6 = \frac{3}{1}$	(27) $\frac{3}{13} \times 9 = \frac{27}{13}$	(28) $\frac{2}{9} \times 2 = \frac{4}{9}$	(29) $\frac{1}{3} \times 5 = \frac{5}{3}$	(30) $\frac{1}{6} \times 8 = \frac{4}{3}$
(31) $\frac{4}{8} \times 3 = \frac{3}{2}$	(32) $\frac{4}{5} \times 1 = \frac{4}{5}$	(33) $\frac{6}{12} \times 9 = \frac{9}{2}$	(34) $\frac{4}{10} \times 4 = \frac{8}{5}$	(35) $\frac{3}{6} \times 4 = \frac{2}{1}$
(36) $\frac{6}{12} \times 5 = \frac{5}{2}$	(37) $\frac{3}{7} \times 4 = \frac{12}{7}$	(38) $\frac{1}{8} \times 4 = \frac{1}{2}$	(39) $\frac{5}{14} \times 7 = \frac{5}{2}$	(40) $\frac{8}{11} \times 4 = \frac{32}{11}$
(41) $\frac{11}{14} \times 7 = \frac{11}{2}$	(42) $\frac{3}{6} \times 4 = \frac{2}{1}$	(43) $\frac{2}{5} \times 1 = \frac{2}{5}$	(44) $\frac{5}{8} \times 7 = \frac{35}{8}$	(45) $\frac{8}{15} \times 6 = \frac{16}{5}$
(46) $\frac{7}{9} \times 3 = \frac{7}{3}$	(47) $\frac{1}{2} \times 3 = \frac{3}{2}$	(48) $\frac{3}{9} \times 9 = \frac{3}{1}$	(49) $\frac{3}{4} \times 6 = \frac{9}{2}$	(50) $\frac{3}{7} \times 7 = \frac{3}{1}$
(51) $\frac{8}{15} \times 7 = \frac{56}{15}$	(52) $\frac{4}{6} \times 6 = \frac{4}{1}$	(53) $\frac{1}{10} \times 8 = \frac{4}{5}$	(54) $\frac{5}{11} \times 7 = \frac{35}{11}$	(55) $\frac{6}{8} \times 6 = \frac{9}{2}$
(56) $\frac{10}{14} \times 7 = \frac{5}{1}$	(57) $\frac{4}{11} \times 2 = \frac{8}{11}$	(58) $\frac{1}{2} \times 3 = \frac{3}{2}$	(59) $\frac{4}{6} \times 2 = \frac{4}{3}$	(60) $\frac{2}{3} \times 1 = \frac{2}{3}$
(61) $\frac{2}{5} \times 7 = \frac{14}{5}$	(62) $\frac{8}{9} \times 5 = \frac{40}{9}$	(63) $\frac{1}{2} \times 7 = \frac{7}{2}$	(64) $\frac{2}{4} \times 3 = \frac{3}{2}$	(65) $\frac{2}{5} \times 6 = \frac{12}{5}$
(66) $\frac{3}{8} \times 5 = \frac{15}{8}$	(67) $\frac{2}{3} \times 1 = \frac{2}{3}$	(68) $\frac{6}{10} \times 8 = \frac{24}{5}$	(69) $\frac{1}{2} \times 1 = \frac{1}{2}$	(70) $\frac{5}{11} \times 1 = \frac{5}{11}$
(71) $\frac{2}{3} \times 1 = \frac{2}{3}$	(72) $\frac{1}{5} \times 5 = \frac{1}{1}$	(73) $\frac{2}{9} \times 3 = \frac{2}{3}$	(74) $\frac{1}{14} \times 6 = \frac{3}{7}$	(75) $\frac{7}{8} \times 7 = \frac{49}{8}$
(76) $\frac{4}{6} \times 8 = \frac{16}{3}$	(77) $\frac{10}{14} \times 2 = \frac{10}{7}$	(78) $\frac{1}{9} \times 8 = \frac{8}{9}$	(79) $\frac{4}{5} \times 3 = \frac{12}{5}$	(80) $\frac{3}{8} \times 9 = \frac{27}{8}$

S Calcule le produit des deux fractions dans chaque cas et donne le résultat sous la forme d'une fraction irréductible.

(1) $15 \times \frac{2}{5} = \frac{6}{1}$	(2) $17 \times \frac{7}{9} = \frac{119}{9}$	(3) $2 \times \frac{1}{13} = \frac{2}{13}$	(4) $3 \times \frac{1}{2} = \frac{3}{2}$
(5) $11 \times \frac{1}{8} = \frac{11}{8}$	(6) $10 \times \frac{3}{4} = \frac{15}{2}$	(7) $19 \times \frac{5}{12} = \frac{95}{12}$	(8) $18 \times \frac{5}{14} = \frac{45}{7}$
(9) $6 \times \frac{7}{8} = \frac{21}{4}$	(10) $18 \times \frac{3}{10} = \frac{27}{5}$	(11) $4 \times \frac{2}{13} = \frac{8}{13}$	(12) $14 \times \frac{1}{4} = \frac{7}{2}$
(13) $10 \times \frac{5}{6} = \frac{25}{3}$	(14) $14 \times \frac{6}{7} = \frac{12}{1}$	(15) $9 \times \frac{1}{5} = \frac{9}{5}$	(16) $6 \times \frac{2}{4} = \frac{3}{1}$
(17) $2 \times \frac{1}{2} = \frac{1}{1}$	(18) $6 \times \frac{5}{14} = \frac{15}{7}$	(19) $1 \times \frac{4}{6} = \frac{2}{3}$	(20) $20 \times \frac{6}{7} = \frac{120}{7}$
(21) $19 \times \frac{1}{12} = \frac{19}{12}$	(22) $15 \times \frac{1}{15} = \frac{1}{1}$	(23) $12 \times \frac{1}{15} = \frac{4}{5}$	(24) $19 \times \frac{3}{4} = \frac{57}{4}$
(25) $2 \times \frac{1}{2} = \frac{1}{1}$	(26) $10 \times \frac{1}{10} = \frac{1}{1}$	(27) $3 \times \frac{8}{9} = \frac{8}{3}$	(28) $5 \times \frac{4}{5} = \frac{4}{1}$
(29) $14 \times \frac{3}{11} = \frac{42}{11}$	(30) $15 \times \frac{1}{2} = \frac{15}{2}$	(31) $12 \times \frac{3}{6} = \frac{6}{1}$	(32) $19 \times \frac{2}{6} = \frac{19}{3}$
(33) $19 \times \frac{5}{8} = \frac{95}{8}$	(34) $3 \times \frac{4}{14} = \frac{6}{7}$	(35) $13 \times \frac{5}{7} = \frac{65}{7}$	(36) $15 \times \frac{2}{3} = \frac{10}{1}$
(37) $7 \times \frac{6}{15} = \frac{14}{5}$	(38) $11 \times \frac{5}{9} = \frac{55}{9}$	(39) $20 \times \frac{4}{9} = \frac{80}{9}$	(40) $6 \times \frac{1}{13} = \frac{6}{13}$
(41) $17 \times \frac{4}{15} = \frac{68}{15}$	(42) $6 \times \frac{6}{12} = \frac{3}{1}$	(43) $10 \times \frac{2}{5} = \frac{4}{1}$	(44) $14 \times \frac{2}{3} = \frac{28}{3}$
(45) $11 \times \frac{4}{14} = \frac{22}{7}$	(46) $13 \times \frac{10}{15} = \frac{26}{3}$	(47) $20 \times \frac{9}{14} = \frac{90}{7}$	(48) $12 \times \frac{1}{2} = \frac{6}{1}$
(49) $9 \times \frac{4}{6} = \frac{6}{1}$	(50) $18 \times \frac{1}{9} = \frac{2}{1}$	(51) $19 \times \frac{3}{5} = \frac{57}{5}$	(52) $11 \times \frac{7}{8} = \frac{77}{8}$
(53) $1 \times \frac{8}{11} = \frac{8}{11}$	(54) $8 \times \frac{1}{4} = \frac{2}{1}$	(55) $4 \times \frac{1}{5} = \frac{4}{5}$	(56) $14 \times \frac{5}{6} = \frac{35}{3}$
(57) $6 \times \frac{1}{3} = \frac{2}{1}$	(58) $16 \times \frac{1}{9} = \frac{16}{9}$	(59) $7 \times \frac{5}{14} = \frac{5}{2}$	(60) $6 \times \frac{3}{10} = \frac{9}{5}$
(61) $16 \times \frac{1}{5} = \frac{16}{5}$	(62) $9 \times \frac{1}{2} = \frac{9}{2}$	(63) $2 \times \frac{4}{6} = \frac{4}{3}$	(64) $8 \times \frac{3}{8} = \frac{3}{1}$
(65) $18 \times \frac{2}{4} = \frac{9}{1}$	(66) $13 \times \frac{7}{9} = \frac{91}{9}$	(67) $20 \times \frac{1}{9} = \frac{20}{9}$	(68) $18 \times \frac{9}{14} = \frac{81}{7}$

T Calcule le quotient des deux fractions dans chaque cas et donne le résultat sous la forme d'une fraction irréductible.

(1) $\frac{2}{3} \div \frac{1}{5} = \frac{10}{3}$	(2) $\frac{6}{8} \div \frac{6}{8} = \frac{1}{1}$	(3) $\frac{2}{6} \div \frac{2}{3} = \frac{1}{2}$	(4) $\frac{1}{5} \div \frac{1}{4} = \frac{4}{5}$	(5) $\frac{6}{8} \div \frac{2}{8} = \frac{3}{1}$
(6) $\frac{4}{6} \div \frac{1}{8} = \frac{16}{3}$	(7) $\frac{6}{8} \div \frac{2}{3} = \frac{9}{8}$	(8) $\frac{5}{6} \div \frac{1}{6} = \frac{5}{1}$	(9) $\frac{1}{3} \div \frac{2}{4} = \frac{2}{3}$	(10) $\frac{2}{4} \div \frac{1}{8} = \frac{4}{1}$
(11) $\frac{1}{5} \div \frac{3}{6} = \frac{2}{5}$	(12) $\frac{2}{8} \div \frac{1}{4} = \frac{1}{1}$	(13) $\frac{2}{3} \div \frac{2}{3} = \frac{1}{1}$	(14) $\frac{2}{5} \div \frac{1}{3} = \frac{6}{5}$	(15) $\frac{5}{6} \div \frac{3}{4} = \frac{10}{9}$
(16) $\frac{1}{8} \div \frac{2}{8} = \frac{1}{2}$	(17) $\frac{4}{5} \div \frac{4}{6} = \frac{6}{5}$	(18) $\frac{1}{4} \div \frac{2}{4} = \frac{1}{2}$	(19) $\frac{5}{8} \div \frac{3}{8} = \frac{5}{3}$	(20) $\frac{4}{6} \div \frac{1}{4} = \frac{8}{3}$
(21) $\frac{2}{5} \div \frac{3}{5} = \frac{2}{3}$	(22) $\frac{3}{6} \div \frac{2}{6} = \frac{3}{2}$	(23) $\frac{1}{3} \div \frac{2}{3} = \frac{1}{2}$	(24) $\frac{2}{4} \div \frac{3}{5} = \frac{5}{6}$	(25) $\frac{1}{5} \div \frac{2}{3} = \frac{3}{10}$
(26) $\frac{2}{3} \div \frac{1}{6} = \frac{4}{1}$	(27) $\frac{4}{5} \div \frac{5}{8} = \frac{32}{25}$	(28) $\frac{7}{8} \div \frac{2}{4} = \frac{7}{4}$	(29) $\frac{1}{6} \div \frac{6}{8} = \frac{2}{9}$	(30) $\frac{2}{8} \div \frac{1}{6} = \frac{3}{2}$
(31) $\frac{2}{6} \div \frac{3}{6} = \frac{2}{3}$	(32) $\frac{1}{4} \div \frac{7}{8} = \frac{2}{7}$	(33) $\frac{3}{8} \div \frac{1}{3} = \frac{9}{8}$	(34) $\frac{3}{4} \div \frac{1}{5} = \frac{15}{4}$	(35) $\frac{4}{5} \div \frac{4}{8} = \frac{8}{5}$
(36) $\frac{2}{8} \div \frac{2}{3} = \frac{3}{8}$	(37) $\frac{2}{3} \div \frac{5}{6} = \frac{4}{5}$	(38) $\frac{1}{4} \div \frac{1}{3} = \frac{3}{4}$	(39) $\frac{5}{6} \div \frac{1}{4} = \frac{10}{3}$	(40) $\frac{1}{3} \div \frac{7}{8} = \frac{8}{21}$
(41) $\frac{5}{6} \div \frac{1}{3} = \frac{5}{2}$	(42) $\frac{4}{8} \div \frac{5}{6} = \frac{3}{5}$	(43) $\frac{3}{6} \div \frac{1}{3} = \frac{3}{2}$	(44) $\frac{2}{5} \div \frac{2}{3} = \frac{3}{5}$	(45) $\frac{1}{3} \div \frac{2}{5} = \frac{5}{6}$
(46) $\frac{2}{8} \div \frac{5}{6} = \frac{3}{10}$	(47) $\frac{3}{4} \div \frac{4}{8} = \frac{3}{2}$	(48) $\frac{3}{5} \div \frac{3}{4} = \frac{4}{5}$	(49) $\frac{3}{5} \div \frac{1}{4} = \frac{12}{5}$	(50) $\frac{1}{4} \div \frac{2}{6} = \frac{3}{4}$
(51) $\frac{7}{8} \div \frac{1}{3} = \frac{21}{8}$	(52) $\frac{1}{5} \div \frac{4}{5} = \frac{1}{4}$	(53) $\frac{2}{6} \div \frac{3}{4} = \frac{4}{9}$	(54) $\frac{4}{5} \div \frac{1}{5} = \frac{4}{1}$	(55) $\frac{3}{6} \div \frac{1}{8} = \frac{4}{1}$
(56) $\frac{1}{8} \div \frac{2}{3} = \frac{3}{16}$	(57) $\frac{2}{4} \div \frac{3}{4} = \frac{2}{3}$	(58) $\frac{1}{3} \div \frac{4}{5} = \frac{5}{12}$	(59) $\frac{1}{8} \div \frac{6}{8} = \frac{1}{6}$	(60) $\frac{2}{4} \div \frac{1}{3} = \frac{3}{2}$
(61) $\frac{2}{3} \div \frac{2}{4} = \frac{4}{3}$	(62) $\frac{4}{6} \div \frac{7}{8} = \frac{16}{21}$	(63) $\frac{7}{8} \div \frac{5}{8} = \frac{7}{5}$	(64) $\frac{4}{5} \div \frac{2}{6} = \frac{12}{5}$	(65) $\frac{4}{6} \div \frac{1}{5} = \frac{10}{3}$
(66) $\frac{2}{5} \div \frac{3}{4} = \frac{8}{15}$	(67) $\frac{2}{6} \div \frac{1}{6} = \frac{2}{1}$	(68) $\frac{2}{3} \div \frac{1}{3} = \frac{2}{1}$	(69) $\frac{7}{8} \div \frac{4}{5} = \frac{35}{32}$	(70) $\frac{1}{6} \div \frac{7}{8} = \frac{4}{21}$
(71) $\frac{2}{3} \div \frac{1}{8} = \frac{16}{3}$	(72) $\frac{3}{4} \div \frac{3}{6} = \frac{3}{2}$	(73) $\frac{2}{4} \div \frac{5}{8} = \frac{4}{5}$	(74) $\frac{4}{8} \div \frac{2}{5} = \frac{5}{4}$	(75) $\frac{1}{6} \div \frac{2}{4} = \frac{1}{3}$
(76) $\frac{2}{6} \div \frac{3}{8} = \frac{8}{9}$	(77) $\frac{3}{5} \div \frac{3}{6} = \frac{6}{5}$	(78) $\frac{1}{3} \div \frac{1}{5} = \frac{5}{3}$	(79) $\frac{2}{4} \div \frac{1}{6} = \frac{3}{1}$	(80) $\frac{3}{4} \div \frac{7}{8} = \frac{6}{7}$
(81) $\frac{4}{6} \div \frac{4}{6} = \frac{1}{1}$	(82) $\frac{3}{5} \div \frac{1}{3} = \frac{9}{5}$	(83) $\frac{4}{5} \div \frac{3}{4} = \frac{16}{15}$	(84) $\frac{2}{3} \div \frac{3}{6} = \frac{4}{3}$	(85) $\frac{3}{4} \div \frac{1}{3} = \frac{9}{4}$

U Calcule le quotient des deux fractions dans chaque cas et donne le résultat sous la forme d'une fraction irréductible.

(1) $6 \div \frac{2}{3} = \frac{9}{1}$	(2) $3 \div \frac{3}{8} = \frac{8}{1}$	(3) $9 \div \frac{4}{5} = \frac{45}{4}$	(4) $7 \div \frac{1}{4} = \frac{28}{1}$	(5) $9 \div \frac{2}{5} = \frac{45}{2}$
(6) $7 \div \frac{2}{6} = \frac{21}{1}$	(7) $5 \div \frac{3}{8} = \frac{40}{3}$	(8) $8 \div \frac{2}{3} = \frac{12}{1}$	(9) $7 \div \frac{2}{4} = \frac{14}{1}$	(10) $4 \div \frac{2}{4} = \frac{8}{1}$
(11) $4 \div \frac{2}{8} = \frac{16}{1}$	(12) $8 \div \frac{4}{5} = \frac{10}{1}$	(13) $8 \div \frac{2}{6} = \frac{24}{1}$	(14) $1 \div \frac{1}{8} = \frac{8}{1}$	(15) $9 \div \frac{4}{8} = \frac{18}{1}$
(16) $2 \div \frac{4}{6} = \frac{3}{1}$	(17) $2 \div \frac{3}{4} = \frac{8}{3}$	(18) $1 \div \frac{1}{5} = \frac{5}{1}$	(19) $2 \div \frac{3}{8} = \frac{16}{3}$	(20) $4 \div \frac{4}{6} = \frac{6}{1}$
(21) $9 \div \frac{1}{4} = \frac{36}{1}$	(22) $4 \div \frac{1}{5} = \frac{20}{1}$	(23) $8 \div \frac{1}{3} = \frac{24}{1}$	(24) $4 \div \frac{3}{4} = \frac{16}{3}$	(25) $8 \div \frac{5}{6} = \frac{48}{5}$
(26) $3 \div \frac{2}{5} = \frac{15}{2}$	(27) $1 \div \frac{1}{8} = \frac{8}{1}$	(28) $7 \div \frac{1}{6} = \frac{42}{1}$	(29) $5 \div \frac{1}{5} = \frac{25}{1}$	(30) $1 \div \frac{1}{3} = \frac{3}{1}$
(31) $5 \div \frac{3}{5} = \frac{25}{3}$	(32) $7 \div \frac{1}{4} = \frac{28}{1}$	(33) $8 \div \frac{1}{6} = \frac{48}{1}$	(34) $4 \div \frac{6}{8} = \frac{16}{3}$	(35) $3 \div \frac{1}{4} = \frac{12}{1}$
(36) $2 \div \frac{1}{3} = \frac{6}{1}$	(37) $4 \div \frac{4}{5} = \frac{5}{1}$	(38) $6 \div \frac{1}{3} = \frac{18}{1}$	(39) $1 \div \frac{7}{8} = \frac{8}{7}$	(40) $9 \div \frac{2}{4} = \frac{18}{1}$
(41) $3 \div \frac{3}{5} = \frac{5}{1}$	(42) $2 \div \frac{2}{6} = \frac{6}{1}$	(43) $6 \div \frac{1}{3} = \frac{18}{1}$	(44) $4 \div \frac{1}{4} = \frac{16}{1}$	(45) $9 \div \frac{1}{6} = \frac{54}{1}$
(46) $8 \div \frac{3}{4} = \frac{32}{3}$	(47) $2 \div \frac{1}{8} = \frac{16}{1}$	(48) $6 \div \frac{2}{3} = \frac{9}{1}$	(49) $9 \div \frac{3}{4} = \frac{12}{1}$	(50) $2 \div \frac{3}{6} = \frac{4}{1}$
(51) $6 \div \frac{1}{5} = \frac{30}{1}$	(52) $7 \div \frac{3}{5} = \frac{35}{3}$	(53) $8 \div \frac{7}{8} = \frac{64}{7}$	(54) $9 \div \frac{3}{6} = \frac{18}{1}$	(55) $7 \div \frac{1}{3} = \frac{21}{1}$
(56) $7 \div \frac{1}{5} = \frac{35}{1}$	(57) $5 \div \frac{1}{3} = \frac{15}{1}$	(58) $6 \div \frac{3}{5} = \frac{10}{1}$	(59) $5 \div \frac{2}{6} = \frac{15}{1}$	(60) $7 \div \frac{1}{3} = \frac{21}{1}$
(61) $5 \div \frac{2}{4} = \frac{10}{1}$	(62) $1 \div \frac{6}{8} = \frac{4}{3}$	(63) $3 \div \frac{1}{5} = \frac{15}{1}$	(64) $4 \div \frac{6}{8} = \frac{16}{3}$	(65) $8 \div \frac{4}{6} = \frac{12}{1}$
(66) $3 \div \frac{2}{4} = \frac{6}{1}$	(67) $3 \div \frac{7}{8} = \frac{24}{7}$	(68) $7 \div \frac{2}{4} = \frac{14}{1}$	(69) $9 \div \frac{2}{6} = \frac{27}{1}$	(70) $3 \div \frac{1}{3} = \frac{9}{1}$
(71) $4 \div \frac{3}{5} = \frac{20}{3}$	(72) $1 \div \frac{2}{3} = \frac{3}{2}$	(73) $3 \div \frac{3}{5} = \frac{5}{1}$	(74) $2 \div \frac{6}{8} = \frac{8}{3}$	(75) $9 \div \frac{1}{8} = \frac{72}{1}$
(76) $5 \div \frac{1}{4} = \frac{20}{1}$	(77) $9 \div \frac{3}{5} = \frac{15}{1}$	(78) $6 \div \frac{2}{5} = \frac{15}{1}$	(79) $8 \div \frac{5}{6} = \frac{48}{5}$	(80) $3 \div \frac{3}{5} = \frac{5}{1}$
(81) $8 \div \frac{2}{3} = \frac{12}{1}$	(82) $3 \div \frac{1}{4} = \frac{12}{1}$	(83) $3 \div \frac{1}{5} = \frac{15}{1}$	(84) $5 \div \frac{7}{8} = \frac{40}{7}$	(85) $5 \div \frac{2}{4} = \frac{10}{1}$

V Calcule le quotient des deux fractions dans chaque cas et donne le résultat sous la forme d'une fraction irréductible.

(1) $\frac{2}{3} \div 3 = \frac{2}{9}$	(2) $\frac{2}{4} \div 6 = \frac{1}{12}$	(3) $\frac{2}{8} \div 7 = \frac{1}{28}$	(4) $\frac{3}{5} \div 3 = \frac{1}{5}$	(5) $\frac{4}{6} \div 1 = \frac{2}{3}$
(6) $\frac{2}{3} \div 5 = \frac{2}{15}$	(7) $\frac{4}{6} \div 6 = \frac{1}{9}$	(8) $\frac{3}{5} \div 7 = \frac{3}{35}$	(9) $\frac{2}{4} \div 3 = \frac{1}{6}$	(10) $\frac{6}{8} \div 4 = \frac{3}{16}$
(11) $\frac{2}{6} \div 1 = \frac{1}{3}$	(12) $\frac{1}{3} \div 2 = \frac{1}{6}$	(13) $\frac{1}{8} \div 6 = \frac{1}{48}$	(14) $\frac{4}{5} \div 8 = \frac{1}{10}$	(15) $\frac{3}{4} \div 5 = \frac{3}{20}$
(16) $\frac{1}{5} \div 1 = \frac{1}{5}$	(17) $\frac{1}{4} \div 4 = \frac{1}{16}$	(18) $\frac{4}{6} \div 5 = \frac{2}{15}$	(19) $\frac{2}{3} \div 1 = \frac{2}{3}$	(20) $\frac{3}{8} \div 5 = \frac{3}{40}$
(21) $\frac{2}{5} \div 8 = \frac{1}{20}$	(22) $\frac{5}{6} \div 5 = \frac{1}{6}$	(23) $\frac{2}{3} \div 7 = \frac{2}{21}$	(24) $\frac{6}{8} \div 6 = \frac{1}{8}$	(25) $\frac{1}{3} \div 1 = \frac{1}{3}$
(26) $\frac{7}{8} \div 3 = \frac{7}{24}$	(27) $\frac{3}{6} \div 6 = \frac{1}{12}$	(28) $\frac{1}{4} \div 1 = \frac{1}{4}$	(29) $\frac{1}{6} \div 1 = \frac{1}{6}$	(30) $\frac{2}{3} \div 4 = \frac{1}{6}$
(31) $\frac{1}{8} \div 3 = \frac{1}{24}$	(32) $\frac{2}{4} \div 9 = \frac{1}{18}$	(33) $\frac{4}{6} \div 8 = \frac{1}{12}$	(34) $\frac{7}{8} \div 7 = \frac{1}{8}$	(35) $\frac{3}{4} \div 9 = \frac{1}{12}$
(36) $\frac{3}{5} \div 4 = \frac{3}{20}$	(37) $\frac{2}{3} \div 6 = \frac{1}{9}$	(38) $\frac{5}{8} \div 9 = \frac{5}{72}$	(39) $\frac{2}{6} \div 9 = \frac{1}{27}$	(40) $\frac{3}{4} \div 4 = \frac{3}{16}$
(41) $\frac{1}{3} \div 9 = \frac{1}{27}$	(42) $\frac{4}{8} \div 4 = \frac{1}{8}$	(43) $\frac{4}{5} \div 2 = \frac{2}{5}$	(44) $\frac{1}{4} \div 7 = \frac{1}{28}$	(45) $\frac{3}{6} \div 3 = \frac{1}{6}$
(46) $\frac{7}{8} \div 4 = \frac{7}{32}$	(47) $\frac{2}{5} \div 1 = \frac{2}{5}$	(48) $\frac{5}{6} \div 4 = \frac{5}{24}$	(49) $\frac{3}{4} \div 6 = \frac{1}{8}$	(50) $\frac{2}{3} \div 2 = \frac{1}{3}$
(51) $\frac{5}{8} \div 2 = \frac{5}{16}$	(52) $\frac{4}{5} \div 9 = \frac{4}{45}$	(53) $\frac{2}{5} \div 3 = \frac{2}{15}$	(54) $\frac{3}{4} \div 8 = \frac{3}{32}$	(55) $\frac{4}{6} \div 3 = \frac{2}{9}$
(56) $\frac{2}{4} \div 1 = \frac{1}{2}$	(57) $\frac{1}{5} \div 8 = \frac{1}{40}$	(58) $\frac{1}{8} \div 4 = \frac{1}{32}$	(59) $\frac{2}{8} \div 3 = \frac{1}{12}$	(60) $\frac{2}{4} \div 7 = \frac{1}{14}$
(61) $\frac{4}{6} \div 4 = \frac{1}{6}$	(62) $\frac{2}{5} \div 9 = \frac{2}{45}$	(63) $\frac{2}{8} \div 8 = \frac{1}{32}$	(64) $\frac{1}{6} \div 3 = \frac{1}{18}$	(65) $\frac{3}{4} \div 3 = \frac{1}{4}$
(66) $\frac{3}{5} \div 5 = \frac{3}{25}$	(67) $\frac{5}{6} \div 1 = \frac{5}{6}$	(68) $\frac{2}{3} \div 9 = \frac{2}{27}$	(69) $\frac{3}{8} \div 3 = \frac{1}{8}$	(70) $\frac{1}{5} \div 9 = \frac{1}{45}$
(71) $\frac{1}{4} \div 8 = \frac{1}{32}$	(72) $\frac{1}{3} \div 7 = \frac{1}{21}$	(73) $\frac{4}{8} \div 9 = \frac{1}{18}$	(74) $\frac{4}{5} \div 7 = \frac{4}{35}$	(75) $\frac{1}{5} \div 7 = \frac{1}{35}$
(76) $\frac{2}{6} \div 5 = \frac{1}{15}$	(77) $\frac{6}{8} \div 1 = \frac{3}{4}$	(78) $\frac{2}{8} \div 9 = \frac{1}{36}$	(79) $\frac{1}{5} \div 2 = \frac{1}{10}$	(80) $\frac{1}{8} \div 8 = \frac{1}{64}$
(81) $\frac{3}{4} \div 1 = \frac{3}{4}$	(82) $\frac{7}{8} \div 1 = \frac{7}{8}$	(83) $\frac{2}{6} \div 3 = \frac{1}{9}$	(84) $\frac{2}{4} \div 4 = \frac{1}{8}$	(85) $\frac{1}{5} \div 4 = \frac{1}{20}$

W Convertis

(1) $3\frac{1}{6} = \frac{19}{6}$	(2) $9\frac{2}{3} = \frac{29}{3}$	(3) $3\frac{4}{5} = \frac{19}{5}$	(4) $7\frac{2}{3} = \frac{23}{3}$	(5) $1\frac{2}{6} = \frac{4}{3}$
(6) $8\frac{6}{8} = \frac{35}{4}$	(7) $8\frac{1}{6} = \frac{49}{6}$	(8) $5\frac{2}{3} = \frac{17}{3}$	(9) $1\frac{2}{5} = \frac{7}{5}$	(10) $5\frac{7}{8} = \frac{47}{8}$
(11) $8\frac{3}{4} = \frac{35}{4}$	(12) $8\frac{2}{5} = \frac{42}{5}$	(13) $3\frac{1}{3} = \frac{10}{3}$	(14) $3\frac{2}{5} = \frac{17}{5}$	(15) $9\frac{4}{8} = \frac{19}{2}$
(16) $6\frac{1}{6} = \frac{37}{6}$	(17) $3\frac{5}{8} = \frac{29}{8}$	(18) $3\frac{2}{4} = \frac{7}{2}$	(19) $6\frac{5}{6} = \frac{41}{6}$	(20) $7\frac{3}{4} = \frac{31}{4}$
(21) $5\frac{4}{8} = \frac{11}{2}$	(22) $3\frac{1}{4} = \frac{13}{4}$	(23) $1\frac{2}{3} = \frac{5}{3}$	(24) $6\frac{6}{8} = \frac{27}{4}$	(25) $6\frac{2}{5} = \frac{32}{5}$
(26) $6\frac{1}{4} = \frac{25}{4}$	(27) $9\frac{3}{8} = \frac{75}{8}$	(28) $3\frac{2}{3} = \frac{11}{3}$	(29) $6\frac{4}{5} = \frac{34}{5}$	(30) $6\frac{1}{5} = \frac{31}{5}$
(31) $7\frac{4}{8} = \frac{15}{2}$	(32) $5\frac{1}{4} = \frac{21}{4}$	(33) $8\frac{1}{3} = \frac{25}{3}$	(34) $9\frac{1}{4} = \frac{37}{4}$	(35) $6\frac{3}{6} = \frac{13}{2}$
(36) $9\frac{3}{4} = \frac{39}{4}$	(37) $5\frac{3}{8} = \frac{43}{8}$	(38) $1\frac{1}{6} = \frac{7}{6}$	(39) $3\frac{3}{5} = \frac{18}{5}$	(40) $8\frac{1}{4} = \frac{33}{4}$
(41) $9\frac{1}{3} = \frac{28}{3}$	(42) $4\frac{2}{6} = \frac{13}{3}$	(43) $8\frac{4}{5} = \frac{44}{5}$	(44) $1\frac{7}{8} = \frac{15}{8}$	(45) $4\frac{2}{3} = \frac{14}{3}$
(46) $9\frac{2}{4} = \frac{19}{2}$	(47) $6\frac{7}{8} = \frac{55}{8}$	(48) $9\frac{2}{5} = \frac{47}{5}$	(49) $7\frac{1}{4} = \frac{29}{4}$	(50) $1\frac{1}{3} = \frac{4}{3}$
(51) $4\frac{5}{8} = \frac{37}{8}$	(52) $5\frac{2}{6} = \frac{16}{3}$	(53) $5\frac{1}{3} = \frac{16}{3}$	(54) $4\frac{3}{4} = \frac{19}{4}$	(55) $1\frac{2}{8} = \frac{5}{4}$
(56) $6\frac{3}{5} = \frac{33}{5}$	(57) $5\frac{5}{8} = \frac{45}{8}$	(58) $6\frac{2}{6} = \frac{19}{3}$	(59) $3\frac{4}{8} = \frac{7}{2}$	(60) $3\frac{4}{6} = \frac{11}{3}$
(61) $1\frac{2}{4} = \frac{3}{2}$	(62) $4\frac{4}{6} = \frac{14}{3}$	(63) $5\frac{1}{8} = \frac{41}{8}$	(64) $1\frac{6}{8} = \frac{7}{4}$	(65) $4\frac{2}{4} = \frac{9}{2}$
(66) $5\frac{5}{6} = \frac{35}{6}$	(67) $9\frac{2}{8} = \frac{37}{4}$	(68) $5\frac{1}{6} = \frac{31}{6}$	(69) $1\frac{5}{8} = \frac{13}{8}$	(70) $7\frac{7}{8} = \frac{63}{8}$
(71) $7\frac{4}{5} = \frac{39}{5}$	(72) $8\frac{2}{3} = \frac{26}{3}$	(73) $1\frac{5}{6} = \frac{11}{6}$	(74) $8\frac{1}{5} = \frac{41}{5}$	(75) $9\frac{3}{5} = \frac{48}{5}$
(76) $3\frac{6}{8} = \frac{15}{4}$	(77) $9\frac{6}{8} = \frac{39}{4}$	(78) $4\frac{4}{8} = \frac{9}{2}$	(79) $6\frac{3}{4} = \frac{27}{4}$	(80) $2\frac{3}{4} = \frac{11}{4}$

X Convertis

(1) $\frac{50}{6} = 8\frac{1}{3}$	(2) $\frac{49}{8} = 6\frac{1}{8}$	(3) $\frac{5}{4} = 1\frac{1}{4}$	(4) $\frac{23}{4} = 5\frac{3}{4}$	(5) $\frac{51}{6} = 8\frac{1}{2}$
(6) $\frac{25}{3} = 8\frac{1}{3}$	(7) $\frac{61}{8} = 7\frac{5}{8}$	(8) $\frac{25}{4} = 6\frac{1}{4}$	(9) $\frac{37}{6} = 6\frac{1}{6}$	(10) $\frac{10}{3} = 3\frac{1}{3}$
(11) $\frac{26}{4} = 6\frac{1}{2}$	(12) $\frac{49}{6} = 8\frac{1}{6}$	(13) $\frac{23}{5} = 4\frac{3}{5}$	(14) $\frac{11}{3} = 3\frac{2}{3}$	(15) $\frac{55}{6} = 9\frac{1}{6}$
(16) $\frac{17}{4} = 4\frac{1}{4}$	(17) $\frac{26}{6} = 4\frac{1}{3}$	(18) $\frac{21}{8} = 2\frac{5}{8}$	(19) $\frac{41}{6} = 6\frac{5}{6}$	(20) $\frac{23}{3} = 7\frac{2}{3}$
(21) $\frac{31}{4} = 7\frac{3}{4}$	(22) $\frac{8}{5} = 1\frac{3}{5}$	(23) $\frac{16}{3} = 5\frac{1}{3}$	(24) $\frac{50}{8} = 6\frac{1}{4}$	(25) $\frac{73}{8} = 9\frac{1}{8}$
(26) $\frac{11}{4} = 2\frac{3}{4}$	(27) $\frac{57}{6} = 9\frac{1}{2}$	(28) $\frac{17}{3} = 5\frac{2}{3}$	(29) $\frac{60}{8} = 7\frac{1}{2}$	(30) $\frac{68}{8} = 8\frac{1}{2}$
(31) $\frac{43}{5} = 8\frac{3}{5}$	(32) $\frac{16}{6} = 2\frac{2}{3}$	(33) $\frac{45}{6} = 7\frac{1}{2}$	(34) $\frac{39}{6} = 6\frac{1}{2}$	(35) $\frac{16}{5} = 3\frac{1}{5}$
(36) $\frac{46}{8} = 5\frac{3}{4}$	(37) $\frac{29}{3} = 9\frac{2}{3}$	(38) $\frac{7}{4} = 1\frac{3}{4}$	(39) $\frac{7}{5} = 1\frac{2}{5}$	(40) $\frac{69}{8} = 8\frac{5}{8}$
(41) $\frac{19}{5} = 3\frac{4}{5}$	(42) $\frac{7}{3} = 2\frac{1}{3}$	(43) $\frac{20}{6} = 3\frac{1}{3}$	(44) $\frac{21}{5} = 4\frac{1}{5}$	(45) $\frac{6}{5} = 1\frac{1}{5}$
(46) $\frac{51}{8} = 6\frac{3}{8}$	(47) $\frac{63}{8} = 7\frac{7}{8}$	(48) $\frac{27}{5} = 5\frac{2}{5}$	(49) $\frac{33}{4} = 8\frac{1}{4}$	(50) $\frac{22}{3} = 7\frac{1}{3}$
(51) $\frac{17}{8} = 2\frac{1}{8}$	(52) $\frac{34}{5} = 6\frac{4}{5}$	(53) $\frac{34}{4} = 8\frac{1}{2}$	(54) $\frac{22}{4} = 5\frac{1}{2}$	(55) $\frac{13}{6} = 2\frac{1}{6}$
(56) $\frac{52}{6} = 8\frac{2}{3}$	(57) $\frac{29}{8} = 3\frac{5}{8}$	(58) $\frac{19}{4} = 4\frac{3}{4}$	(59) $\frac{33}{8} = 4\frac{1}{8}$	(60) $\frac{49}{5} = 9\frac{4}{5}$
(61) $\frac{22}{5} = 4\frac{2}{5}$	(62) $\frac{56}{6} = 9\frac{1}{3}$	(63) $\frac{5}{3} = 1\frac{2}{3}$	(64) $\frac{38}{8} = 4\frac{3}{4}$	(65) $\frac{34}{6} = 5\frac{2}{3}$
(66) $\frac{23}{8} = 2\frac{7}{8}$	(67) $\frac{34}{8} = 4\frac{1}{4}$	(68) $\frac{41}{5} = 8\frac{1}{5}$	(69) $\frac{29}{4} = 7\frac{1}{4}$	(70) $\frac{13}{5} = 2\frac{3}{5}$
(71) $\frac{74}{8} = 9\frac{1}{4}$	(72) $\frac{11}{8} = 1\frac{3}{8}$	(73) $\frac{37}{5} = 7\frac{2}{5}$	(74) $\frac{32}{5} = 6\frac{2}{5}$	(75) $\frac{15}{6} = 2\frac{1}{2}$
(76) $\frac{62}{8} = 7\frac{3}{4}$	(77) $\frac{28}{3} = 9\frac{1}{3}$	(78) $\frac{38}{5} = 7\frac{3}{5}$	(79) $\frac{27}{8} = 3\frac{3}{8}$	(80) $\frac{9}{5} = 1\frac{4}{5}$

Y Convertis

(1) $\frac{94}{12} = 7\frac{5}{6}$	(2) $\frac{11}{6} = 1\frac{5}{6}$	(3) $\frac{28}{8} = 3\frac{1}{2}$	(4) $8\frac{3}{8} = \frac{67}{8}$	(5) $2\frac{4}{6} = \frac{8}{3}$
(6) $4\frac{3}{6} = \frac{9}{2}$	(7) $\frac{88}{12} = 7\frac{1}{3}$	(8) $1\frac{3}{16} = \frac{19}{16}$	(9) $1\frac{4}{6} = \frac{5}{3}$	(10) $\frac{33}{16} = 2\frac{1}{16}$
(11) $8\frac{6}{8} = \frac{35}{4}$	(12) $7\frac{2}{10} = \frac{36}{5}$	(13) $3\frac{7}{16} = \frac{55}{16}$	(14) $\frac{51}{6} = 8\frac{1}{2}$	(15) $\frac{65}{16} = 4\frac{1}{16}$
(16) $\frac{15}{10} = 1\frac{1}{2}$	(17) $7\frac{13}{16} = \frac{125}{16}$	(18) $2\frac{3}{6} = \frac{5}{2}$	(19) $\frac{38}{6} = 6\frac{1}{3}$	(20) $3\frac{2}{12} = \frac{19}{6}$
(21) $\frac{14}{12} = 1\frac{1}{6}$	(22) $3\frac{1}{6} = \frac{19}{6}$	(23) $4\frac{9}{16} = \frac{73}{16}$	(24) $9\frac{15}{16} = \frac{159}{16}$	(25) $1\frac{1}{8} = \frac{9}{8}$
(26) $2\frac{14}{16} = \frac{23}{8}$	(27) $7\frac{5}{12} = \frac{89}{12}$	(28) $\frac{49}{10} = 4\frac{9}{10}$	(29) $\frac{29}{10} = 2\frac{9}{10}$	(30) $\frac{82}{12} = 6\frac{5}{6}$
(31) $\frac{58}{8} = 7\frac{1}{4}$	(32) $9\frac{3}{16} = \frac{147}{16}$	(33) $\frac{63}{8} = 7\frac{7}{8}$	(34) $2\frac{9}{16} = \frac{41}{16}$	(35) $\frac{54}{8} = 6\frac{3}{4}$
(36) $5\frac{11}{12} = \frac{71}{12}$	(37) $\frac{154}{16} = 9\frac{5}{8}$	(38) $\frac{67}{12} = 5\frac{7}{12}$	(39) $\frac{123}{16} = 7\frac{11}{16}$	(40) $4\frac{8}{10} = \frac{24}{5}$
(41) $5\frac{6}{16} = \frac{43}{8}$	(42) $9\frac{2}{8} = \frac{37}{4}$	(43) $\frac{101}{12} = 8\frac{5}{12}$	(44) $4\frac{3}{8} = \frac{35}{8}$	(45) $3\frac{8}{12} = \frac{11}{3}$
(46) $6\frac{4}{8} = \frac{13}{2}$	(47) $5\frac{8}{10} = \frac{29}{5}$	(48) $\frac{51}{16} = 3\frac{3}{16}$	(49) $\frac{73}{8} = 9\frac{1}{8}$	(50) $\frac{102}{12} = 8\frac{1}{2}$
(51) $\frac{32}{6} = 5\frac{1}{3}$	(52) $5\frac{4}{6} = \frac{17}{3}$	(53) $4\frac{6}{8} = \frac{19}{4}$	(54) $\frac{45}{10} = 4\frac{1}{2}$	(55) $\frac{35}{12} = 2\frac{11}{12}$
(56) $5\frac{14}{16} = \frac{47}{8}$	(57) $7\frac{3}{6} = \frac{15}{2}$	(58) $\frac{39}{16} = 2\frac{7}{16}$	(59) $\frac{21}{16} = 1\frac{5}{16}$	(60) $\frac{35}{6} = 5\frac{5}{6}$
(61) $3\frac{11}{12} = \frac{47}{12}$	(62) $\frac{25}{12} = 2\frac{1}{12}$	(63) $5\frac{2}{10} = \frac{26}{5}$	(64) $\frac{52}{12} = 4\frac{1}{3}$	(65) $1\frac{2}{6} = \frac{4}{3}$
(66) $9\frac{1}{12} = \frac{109}{12}$	(67) $8\frac{9}{16} = \frac{137}{16}$	(68) $\frac{43}{6} = 7\frac{1}{6}$	(69) $\frac{96}{10} = 9\frac{3}{5}$	(70) $9\frac{9}{12} = \frac{39}{4}$
(71) $5\frac{8}{12} = \frac{17}{3}$	(72) $\frac{26}{10} = 2\frac{3}{5}$	(73) $\frac{146}{16} = 9\frac{1}{8}$	(74) $4\frac{5}{8} = \frac{37}{8}$	(75) $\frac{127}{16} = 7\frac{15}{16}$
(76) $2\frac{7}{12} = \frac{31}{12}$	(77) $\frac{33}{10} = 3\frac{3}{10}$	(78) $4\frac{1}{12} = \frac{49}{12}$	(79) $\frac{29}{6} = 4\frac{5}{6}$	(80) $2\frac{2}{10} = \frac{11}{5}$
(81) $9\frac{7}{12} = \frac{115}{12}$	(82) $7\frac{4}{6} = \frac{23}{3}$	(83) $\frac{57}{8} = 7\frac{1}{8}$	(84) $3\frac{6}{8} = \frac{15}{4}$	(85) $\frac{95}{10} = 9\frac{1}{2}$

Z Convertis

(1) $8\frac{16}{18} = \frac{80}{9}$	(2) $4\frac{17}{24} = \frac{113}{24}$	(3) $2\frac{7}{9} = \frac{25}{9}$	(4) $8\frac{2}{24} = \frac{97}{12}$	(5) $1\frac{3}{12} = \frac{5}{4}$
(6) $9\frac{5}{9} = \frac{86}{9}$	(7) $2\frac{5}{18} = \frac{41}{18}$	(8) $1\frac{2}{12} = \frac{7}{6}$	(9) $7\frac{4}{24} = \frac{43}{6}$	(10) $6\frac{7}{15} = \frac{97}{15}$
(11) $2\frac{12}{15} = \frac{14}{5}$	(12) $1\frac{2}{9} = \frac{11}{9}$	(13) $5\frac{14}{18} = \frac{52}{9}$	(14) $6\frac{9}{15} = \frac{33}{5}$	(15) $3\frac{4}{9} = \frac{31}{9}$
(16) $7\frac{11}{15} = \frac{116}{15}$	(17) $1\frac{1}{12} = \frac{13}{12}$	(18) $8\frac{12}{24} = \frac{17}{2}$	(19) $7\frac{9}{15} = \frac{38}{5}$	(20) $7\frac{2}{18} = \frac{64}{9}$
(21) $5\frac{7}{9} = \frac{52}{9}$	(22) $2\frac{9}{15} = \frac{13}{5}$	(23) $1\frac{20}{24} = \frac{11}{6}$	(24) $1\frac{2}{18} = \frac{10}{9}$	(25) $8\frac{7}{9} = \frac{79}{9}$
(26) $3\frac{17}{18} = \frac{71}{18}$	(27) $8\frac{2}{9} = \frac{74}{9}$	(28) $6\frac{9}{24} = \frac{51}{8}$	(29) $3\frac{2}{15} = \frac{47}{15}$	(30) $5\frac{10}{24} = \frac{65}{12}$
(31) $9\frac{13}{24} = \frac{229}{24}$	(32) $9\frac{7}{18} = \frac{169}{18}$	(33) $2\frac{1}{12} = \frac{25}{12}$	(34) $3\frac{2}{9} = \frac{29}{9}$	(35) $5\frac{14}{15} = \frac{89}{15}$
(36) $7\frac{1}{15} = \frac{106}{15}$	(37) $3\frac{2}{12} = \frac{19}{6}$	(38) $7\frac{6}{15} = \frac{37}{5}$	(39) $7\frac{9}{12} = \frac{31}{4}$	(40) $6\frac{4}{18} = \frac{56}{9}$
(41) $6\frac{21}{24} = \frac{55}{8}$	(42) $4\frac{3}{15} = \frac{21}{5}$	(43) $2\frac{5}{9} = \frac{23}{9}$	(44) $9\frac{4}{12} = \frac{28}{3}$	(45) $3\frac{8}{12} = \frac{11}{3}$
(46) $6\frac{3}{18} = \frac{37}{6}$	(47) $9\frac{6}{9} = \frac{29}{3}$	(48) $7\frac{8}{12} = \frac{23}{3}$	(49) $1\frac{3}{24} = \frac{9}{8}$	(50) $5\frac{13}{15} = \frac{88}{15}$
(51) $6\frac{14}{18} = \frac{61}{9}$	(52) $6\frac{16}{24} = \frac{20}{3}$	(53) $3\frac{1}{12} = \frac{37}{12}$	(54) $6\frac{8}{9} = \frac{62}{9}$	(55) $4\frac{8}{12} = \frac{14}{3}$
(56) $8\frac{11}{15} = \frac{131}{15}$	(57) $8\frac{1}{9} = \frac{73}{9}$	(58) $9\frac{11}{12} = \frac{119}{12}$	(59) $8\frac{12}{18} = \frac{26}{3}$	(60) $6\frac{1}{9} = \frac{55}{9}$
(61) $4\frac{4}{24} = \frac{25}{6}$	(62) $3\frac{3}{9} = \frac{10}{3}$	(63) $8\frac{1}{12} = \frac{97}{12}$	(64) $4\frac{5}{9} = \frac{41}{9}$	(65) $3\frac{12}{18} = \frac{11}{3}$
(66) $5\frac{10}{12} = \frac{35}{6}$	(67) $8\frac{3}{15} = \frac{41}{5}$	(68) $5\frac{10}{18} = \frac{50}{9}$	(69) $4\frac{10}{12} = \frac{29}{6}$	(70) $3\frac{13}{15} = \frac{58}{15}$
(71) $8\frac{8}{12} = \frac{26}{3}$	(72) $3\frac{15}{18} = \frac{23}{6}$	(73) $6\frac{6}{12} = \frac{13}{2}$	(74) $2\frac{1}{15} = \frac{31}{15}$	(75) $8\frac{4}{9} = \frac{76}{9}$
(76) $5\frac{23}{24} = \frac{143}{24}$	(77) $5\frac{2}{12} = \frac{31}{6}$	(78) $2\frac{1}{9} = \frac{19}{9}$	(79) $2\frac{18}{24} = \frac{11}{4}$	(80) $5\frac{5}{18} = \frac{95}{18}$
(81) $3\frac{5}{12} = \frac{41}{12}$	(82) $4\frac{2}{9} = \frac{38}{9}$	(83) $7\frac{13}{24} = \frac{181}{24}$	(84) $8\frac{1}{15} = \frac{121}{15}$	(85) $5\frac{2}{9} = \frac{47}{9}$

AA Calcule

(1) $4\frac{6}{8} + 1\frac{1}{3} = 6\frac{1}{12}$	(2) $4\frac{6}{8} + 1\frac{3}{5} = 6\frac{7}{20}$	(3) $7\frac{3}{4} + 8\frac{1}{6} = 15\frac{11}{12}$	(4) $1\frac{1}{3} + 2\frac{3}{4} = 4\frac{1}{12}$
(5) $1\frac{7}{8} + 7\frac{1}{3} = 9\frac{5}{24}$	(6) $7\frac{1}{6} + 6\frac{2}{5} = 13\frac{17}{30}$	(7) $7\frac{3}{6} + 9\frac{3}{5} = 17\frac{1}{10}$	(8) $8\frac{3}{4} + 4\frac{1}{3} = 13\frac{1}{12}$
(9) $4\frac{1}{8} + 5\frac{5}{6} = 9\frac{23}{24}$	(10) $9\frac{2}{8} + 8\frac{2}{5} = 17\frac{13}{20}$	(11) $1\frac{2}{3} + 2\frac{1}{4} = 3\frac{11}{12}$	(12) $4\frac{1}{8} + 5\frac{1}{6} = 9\frac{7}{24}$
(13) $4\frac{4}{5} + 8\frac{3}{4} = 13\frac{11}{20}$	(14) $8\frac{1}{3} + 2\frac{2}{3} = 11$	(15) $9\frac{3}{6} + 5\frac{2}{5} = 14\frac{9}{10}$	(16) $5\frac{3}{4} + 1\frac{2}{8} = 7$
(17) $1\frac{4}{6} + 8\frac{3}{5} = 10\frac{4}{15}$	(18) $2\frac{6}{8} + 2\frac{1}{4} = 5$	(19) $5\frac{1}{3} + 6\frac{2}{4} = 11\frac{5}{6}$	(20) $9\frac{7}{8} + 1\frac{1}{3} = 11\frac{5}{24}$
(21) $8\frac{2}{6} + 4\frac{1}{5} = 12\frac{8}{15}$	(22) $5\frac{1}{3} + 8\frac{2}{5} = 13\frac{11}{15}$	(23) $2\frac{3}{4} + 3\frac{3}{6} = 6\frac{1}{4}$	(24) $3\frac{6}{8} + 7\frac{5}{6} = 11\frac{7}{12}$
(25) $4\frac{1}{8} + 5\frac{2}{4} = 9\frac{5}{8}$	(26) $7\frac{2}{3} + 5\frac{2}{5} = 13\frac{1}{15}$	(27) $1\frac{2}{6} + 7\frac{2}{8} = 8\frac{7}{12}$	(28) $1\frac{3}{4} + 8\frac{2}{3} = 10\frac{5}{12}$
(29) $7\frac{3}{5} + 3\frac{1}{3} = 10\frac{14}{15}$	(30) $8\frac{6}{8} + 7\frac{1}{5} = 15\frac{19}{20}$	(31) $6\frac{2}{4} + 5\frac{5}{6} = 12\frac{1}{3}$	(32) $2\frac{1}{6} + 3\frac{2}{3} = 5\frac{5}{6}$
(33) $8\frac{2}{8} + 1\frac{2}{5} = 9\frac{13}{20}$	(34) $9\frac{2}{4} + 3\frac{1}{3} = 12\frac{5}{6}$	(35) $5\frac{1}{8} + 9\frac{4}{6} = 14\frac{19}{24}$	(36) $5\frac{1}{5} + 9\frac{2}{4} = 14\frac{7}{10}$
(37) $5\frac{4}{6} + 1\frac{4}{5} = 7\frac{7}{15}$	(38) $2\frac{1}{3} + 6\frac{2}{4} = 8\frac{5}{6}$	(39) $7\frac{7}{8} + 9\frac{2}{5} = 17\frac{11}{40}$	(40) $1\frac{1}{8} + 9\frac{2}{3} = 10\frac{19}{24}$
(41) $7\frac{3}{6} + 5\frac{1}{4} = 12\frac{3}{4}$	(42) $6\frac{1}{4} + 3\frac{1}{3} = 9\frac{7}{12}$	(43) $7\frac{4}{6} + 3\frac{4}{5} = 11\frac{7}{15}$	(44) $7\frac{5}{8} + 9\frac{4}{6} = 17\frac{7}{24}$
(45) $3\frac{1}{3} + 1\frac{1}{5} = 4\frac{8}{15}$	(46) $5\frac{5}{8} + 1\frac{1}{4} = 6\frac{7}{8}$	(47) $9\frac{3}{4} + 5\frac{1}{6} = 14\frac{11}{12}$	(48) $4\frac{1}{3} + 3\frac{3}{5} = 7\frac{14}{15}$
(49) $8\frac{1}{8} + 3\frac{2}{3} = 11\frac{19}{24}$	(50) $5\frac{4}{6} + 2\frac{2}{5} = 8\frac{1}{15}$	(51) $9\frac{3}{8} + 4\frac{3}{4} = 14\frac{1}{8}$	(52) $9\frac{6}{8} + 2\frac{2}{3} = 12\frac{5}{12}$
(53) $3\frac{3}{4} + 2\frac{1}{6} = 5\frac{11}{12}$	(54) $6\frac{1}{5} + 9\frac{3}{4} = 15\frac{19}{20}$	(55) $9\frac{1}{8} + 2\frac{1}{5} = 11\frac{13}{40}$	(56) $5\frac{1}{6} + 1\frac{1}{3} = 6\frac{1}{2}$
(57) $9\frac{1}{4} + 2\frac{3}{6} = 11\frac{3}{4}$	(58) $8\frac{1}{5} + 6\frac{2}{8} = 14\frac{9}{20}$	(59) $4\frac{1}{3} + 1\frac{1}{6} = 5\frac{1}{2}$	(60) $7\frac{2}{5} + 7\frac{3}{4} = 15\frac{3}{20}$
(61) $7\frac{6}{8} + 1\frac{1}{3} = 9\frac{1}{12}$	(62) $4\frac{7}{8} + 3\frac{3}{4} = 8\frac{5}{8}$	(63) $1\frac{1}{3} + 4\frac{2}{5} = 5\frac{11}{15}$	(64) $1\frac{3}{4} + 6\frac{4}{5} = 8\frac{11}{20}$
(65) $4\frac{5}{6} + 9\frac{6}{8} = 14\frac{7}{12}$	(66) $1\frac{2}{3} + 4\frac{2}{4} = 6\frac{1}{6}$	(67) $1\frac{5}{8} + 7\frac{2}{5} = 9\frac{1}{40}$	(68) $7\frac{5}{6} + 1\frac{1}{3} = 9\frac{1}{6}$

BB Calcule

(1) $4\frac{7}{8} - 1\frac{3}{6} = 3\frac{3}{8}$	(2) $7\frac{3}{8} - 5\frac{1}{4} = 2\frac{1}{8}$	(3) $6\frac{1}{3} - 1\frac{4}{5} = 4\frac{8}{15}$	(4) $9\frac{4}{6} - 8\frac{2}{3} = 1$
(5) $7\frac{1}{4} - 5\frac{5}{8} = 1\frac{5}{8}$	(6) $8\frac{4}{5} - 6\frac{5}{6} = 1\frac{29}{30}$	(7) $6\frac{1}{4} - 5\frac{2}{8} = 1$	(8) $8\frac{4}{5} - 2\frac{1}{3} = 6\frac{7}{15}$
(9) $9\frac{3}{4} - 6\frac{5}{8} = 3\frac{1}{8}$	(10) $6\frac{2}{3} - 3\frac{1}{5} = 3\frac{7}{15}$	(11) $9\frac{1}{6} - 8\frac{2}{3} = \frac{1}{2}$	(12) $8\frac{2}{5} - 7\frac{7}{8} = \frac{21}{40}$
(13) $8\frac{1}{4} - 4\frac{5}{6} = 3\frac{5}{12}$	(14) $7\frac{5}{8} - 6\frac{1}{4} = 1\frac{3}{8}$	(15) $7\frac{1}{3} - 6\frac{5}{6} = \frac{1}{2}$	(16) $9\frac{3}{5} - 8\frac{1}{3} = 1\frac{4}{15}$
(17) $5\frac{4}{5} - 2\frac{5}{6} = 2\frac{29}{30}$	(18) $7\frac{7}{8} - 5\frac{3}{4} = 2\frac{1}{8}$	(19) $9\frac{1}{4} - 8\frac{1}{8} = 1\frac{1}{8}$	(20) $6\frac{4}{6} - 3\frac{2}{5} = 3\frac{4}{15}$
(21) $9\frac{2}{3} - 7\frac{1}{3} = 2\frac{1}{3}$	(22) $4\frac{1}{5} - 1\frac{3}{6} = 2\frac{7}{10}$	(23) $6\frac{5}{8} - 5\frac{3}{4} = \frac{7}{8}$	(24) $9\frac{2}{6} - 8\frac{2}{8} = 1\frac{1}{12}$
(25) $9\frac{1}{5} - 4\frac{2}{4} = 4\frac{7}{10}$	(26) $9\frac{2}{3} - 8\frac{3}{5} = 1\frac{1}{15}$	(27) $9\frac{2}{3} - 1\frac{1}{8} = 8\frac{13}{24}$	(28) $7\frac{3}{4} - 1\frac{4}{6} = 6\frac{1}{12}$
(29) $7\frac{1}{5} - 3\frac{7}{8} = 3\frac{13}{40}$	(30) $9\frac{1}{3} - 7\frac{1}{4} = 2\frac{1}{12}$	(31) $8\frac{1}{6} - 7\frac{3}{4} = \frac{5}{12}$	(32) $9\frac{7}{8} - 7\frac{1}{3} = 2\frac{13}{24}$
(33) $8\frac{2}{5} - 7\frac{2}{6} = 1\frac{1}{15}$	(34) $5\frac{3}{4} - 3\frac{2}{8} = 2\frac{1}{2}$	(35) $5\frac{1}{6} - 2\frac{2}{3} = 2\frac{1}{2}$	(36) $4\frac{4}{5} - 1\frac{3}{5} = 3\frac{1}{5}$
(37) $8\frac{1}{3} - 7\frac{3}{4} = \frac{7}{12}$	(38) $6\frac{3}{6} - 3\frac{6}{8} = 2\frac{3}{4}$	(39) $7\frac{3}{6} - 2\frac{4}{5} = 4\frac{7}{10}$	(40) $9\frac{2}{3} - 8\frac{1}{4} = 1\frac{5}{12}$
(41) $8\frac{3}{8} - 5\frac{1}{8} = 3\frac{1}{4}$	(42) $6\frac{1}{4} - 4\frac{2}{6} = 1\frac{11}{12}$	(43) $7\frac{2}{3} - 1\frac{2}{5} = 6\frac{4}{15}$	(44) $3\frac{5}{8} - 2\frac{3}{4} = \frac{7}{8}$
(45) $2\frac{2}{3} - 1\frac{3}{6} = 1\frac{1}{6}$	(46) $4\frac{2}{5} - 4\frac{1}{4} = \frac{3}{20}$	(47) $6\frac{4}{6} - 5\frac{4}{5} = \frac{13}{15}$	(48) $3\frac{2}{3} - 2\frac{4}{8} = 1\frac{1}{6}$
(49) $8\frac{1}{4} - 7\frac{2}{3} = \frac{7}{12}$	(50) $4\frac{3}{6} - 1\frac{1}{5} = 3\frac{3}{10}$	(51) $8\frac{7}{8} - 6\frac{1}{8} = 2\frac{3}{4}$	(52) $9\frac{2}{3} - 5\frac{3}{6} = 4\frac{1}{6}$
(53) $9\frac{3}{4} - 6\frac{2}{5} = 3\frac{7}{20}$	(54) $8\frac{2}{4} - 7\frac{2}{3} = \frac{5}{6}$	(55) $9\frac{2}{8} - 1\frac{2}{6} = 7\frac{11}{12}$	(56) $9\frac{2}{5} - 4\frac{7}{8} = 4\frac{21}{40}$
(57) $9\frac{2}{5} - 8\frac{2}{3} = \frac{11}{15}$	(58) $6\frac{5}{6} - 3\frac{2}{4} = 3\frac{1}{3}$	(59) $6\frac{3}{8} - 4\frac{3}{4} = 1\frac{5}{8}$	(60) $9\frac{2}{6} - 8\frac{2}{5} = \frac{14}{15}$
(61) $8\frac{1}{3} - 4\frac{5}{6} = 3\frac{1}{2}$	(62) $9\frac{2}{8} - 8\frac{2}{3} = \frac{7}{12}$	(63) $3\frac{1}{5} - 2\frac{2}{4} = \frac{7}{10}$	(64) $9\frac{1}{8} - 6\frac{2}{5} = 2\frac{29}{40}$
(65) $7\frac{4}{6} - 2\frac{1}{3} = 5\frac{1}{3}$	(66) $7\frac{2}{4} - 6\frac{4}{5} = \frac{7}{10}$	(67) $7\frac{1}{4} - 3\frac{2}{3} = 3\frac{7}{12}$	(68) $9\frac{2}{6} - 8\frac{4}{8} = \frac{5}{6}$

CC Calcule

(1) $4\frac{1}{4} \times 6\frac{3}{6} = 27\frac{5}{8}$	(2) $5\frac{3}{5} \times 5\frac{7}{8} = 32\frac{9}{10}$	(3) $6\frac{1}{4} \times 1\frac{5}{6} = 11\frac{11}{24}$	(4) $4\frac{3}{5} \times 8\frac{5}{8} = 39\frac{27}{40}$
(5) $9\frac{1}{3} \times 4\frac{2}{3} = 43\frac{5}{9}$	(6) $1\frac{1}{4} \times 5\frac{3}{8} = 6\frac{23}{32}$	(7) $3\frac{2}{5} \times 1\frac{5}{6} = 6\frac{7}{30}$	(8) $8\frac{1}{3} \times 7\frac{2}{8} = 60\frac{5}{12}$
(9) $3\frac{4}{5} \times 1\frac{2}{4} = 5\frac{7}{10}$	(10) $5\frac{4}{6} \times 6\frac{3}{4} = 38\frac{1}{4}$	(11) $5\frac{1}{6} \times 4\frac{1}{5} = 21\frac{7}{10}$	(12) $8\frac{2}{3} \times 2\frac{1}{3} = 20\frac{2}{9}$
(13) $6\frac{7}{8} \times 3\frac{4}{5} = 26\frac{1}{8}$	(14) $7\frac{1}{6} \times 4\frac{3}{4} = 34\frac{1}{24}$	(15) $5\frac{2}{8} \times 8\frac{2}{4} = 44\frac{5}{8}$	(16) $2\frac{1}{6} \times 9\frac{4}{5} = 21\frac{7}{30}$
(17) $6\frac{2}{3} \times 9\frac{1}{4} = 61\frac{2}{3}$	(18) $9\frac{1}{3} \times 9\frac{2}{6} = 87\frac{1}{9}$	(19) $7\frac{2}{8} \times 5\frac{3}{5} = 40\frac{3}{5}$	(20) $5\frac{2}{4} \times 1\frac{1}{6} = 6\frac{5}{12}$
(21) $5\frac{2}{8} \times 3\frac{2}{3} = 19\frac{1}{4}$	(22) $7\frac{3}{5} \times 6\frac{3}{4} = 51\frac{3}{10}$	(23) $1\frac{1}{8} \times 1\frac{4}{6} = 1\frac{7}{8}$	(24) $4\frac{2}{3} \times 4\frac{3}{5} = 21\frac{7}{15}$
(25) $3\frac{2}{4} \times 2\frac{2}{3} = 9\frac{1}{3}$	(26) $6\frac{1}{5} \times 3\frac{4}{6} = 22\frac{11}{15}$	(27) $1\frac{1}{8} \times 6\frac{2}{8} = 7\frac{1}{32}$	(28) $2\frac{2}{6} \times 4\frac{2}{5} = 10\frac{4}{15}$
(29) $4\frac{3}{4} \times 1\frac{2}{3} = 7\frac{11}{12}$	(30) $7\frac{1}{5} \times 5\frac{1}{3} = 38\frac{2}{5}$	(31) $5\frac{2}{8} \times 7\frac{5}{6} = 41\frac{1}{8}$	(32) $8\frac{3}{4} \times 5\frac{1}{3} = 46\frac{2}{3}$
(33) $7\frac{2}{4} \times 6\frac{2}{5} = 48$	(34) $7\frac{3}{6} \times 6\frac{2}{8} = 46\frac{7}{8}$	(35) $2\frac{4}{8} \times 6\frac{1}{6} = 15\frac{5}{12}$	(36) $5\frac{3}{5} \times 3\frac{3}{4} = 21$
(37) $7\frac{1}{3} \times 7\frac{1}{3} = 53\frac{7}{9}$	(38) $5\frac{5}{6} \times 8\frac{3}{5} = 50\frac{1}{6}$	(39) $1\frac{3}{8} \times 4\frac{3}{4} = 6\frac{17}{32}$	(40) $1\frac{3}{4} \times 3\frac{5}{8} = 6\frac{11}{32}$
(41) $6\frac{3}{6} \times 7\frac{2}{3} = 49\frac{5}{6}$	(42) $9\frac{3}{5} \times 2\frac{4}{6} = 25\frac{3}{5}$	(43) $5\frac{2}{3} \times 6\frac{1}{5} = 35\frac{2}{15}$	(44) $1\frac{2}{4} \times 9\frac{2}{8} = 13\frac{7}{8}$
(45) $9\frac{1}{5} \times 5\frac{1}{4} = 48\frac{3}{10}$	(46) $3\frac{6}{8} \times 6\frac{5}{6} = 25\frac{5}{8}$	(47) $6\frac{1}{3} \times 7\frac{1}{3} = 46\frac{4}{9}$	(48) $3\frac{2}{8} \times 6\frac{3}{4} = 21\frac{15}{16}$
(49) $8\frac{3}{6} \times 9\frac{3}{5} = 81\frac{3}{5}$	(50) $8\frac{2}{3} \times 2\frac{4}{8} = 21\frac{2}{3}$	(51) $1\frac{4}{5} \times 6\frac{3}{4} = 12\frac{3}{20}$	(52) $1\frac{4}{6} \times 8\frac{1}{4} = 13\frac{3}{4}$
(53) $8\frac{4}{5} \times 3\frac{2}{3} = 32\frac{4}{15}$	(54) $1\frac{2}{6} \times 6\frac{7}{8} = 9\frac{1}{6}$	(55) $9\frac{2}{3} \times 6\frac{1}{4} = 60\frac{5}{12}$	(56) $9\frac{4}{8} \times 4\frac{4}{5} = 45\frac{3}{5}$
(57) $4\frac{2}{6} \times 9\frac{1}{6} = 39\frac{13}{18}$	(58) $4\frac{2}{4} \times 7\frac{4}{5} = 35\frac{1}{10}$	(59) $7\frac{1}{3} \times 6\frac{5}{8} = 48\frac{7}{12}$	(60) $8\frac{6}{8} \times 9\frac{4}{5} = 85\frac{3}{4}$
(61) $2\frac{1}{3} \times 1\frac{5}{6} = 4\frac{5}{18}$	(62) $7\frac{3}{4} \times 5\frac{1}{5} = 40\frac{3}{10}$	(63) $5\frac{6}{8} \times 6\frac{2}{6} = 36\frac{5}{12}$	(64) $2\frac{2}{4} \times 6\frac{2}{3} = 16\frac{2}{3}$
(65) $1\frac{2}{4} \times 9\frac{1}{6} = 13\frac{3}{4}$	(66) $6\frac{5}{8} \times 5\frac{1}{3} = 35\frac{1}{3}$	(67) $9\frac{4}{5} \times 1\frac{2}{5} = 13\frac{18}{25}$	(68) $5\frac{1}{4} \times 7\frac{1}{8} = 37\frac{13}{32}$

DD Calcule

(1) $4\frac{2}{8} \div 4\frac{1}{3} = \frac{51}{52}$	(2) $6\frac{2}{4} \div 2\frac{2}{6} = 2\frac{11}{14}$	(3) $2\frac{2}{5} \div 6\frac{7}{8} = \frac{96}{275}$	(4) $7\frac{2}{3} \div 3\frac{3}{6} = 2\frac{4}{21}$
(5) $2\frac{1}{4} \div 8\frac{1}{3} = \frac{27}{100}$	(6) $8\frac{1}{8} \div 2\frac{1}{6} = 3\frac{3}{4}$	(7) $5\frac{3}{5} \div 9\frac{1}{4} = \frac{112}{185}$	(8) $5\frac{2}{6} \div 5\frac{3}{4} = \frac{64}{69}$
(9) $8\frac{1}{5} \div 8\frac{7}{8} = \frac{328}{355}$	(10) $6\frac{1}{3} \div 1\frac{5}{8} = 3\frac{35}{39}$	(11) $4\frac{2}{5} \div 8\frac{3}{6} = \frac{44}{85}$	(12) $2\frac{3}{4} \div 8\frac{1}{3} = \frac{33}{100}$
(13) $9\frac{4}{6} \div 9\frac{2}{4} = 1\frac{1}{57}$	(14) $4\frac{3}{5} \div 6\frac{2}{8} = \frac{92}{125}$	(15) $3\frac{2}{3} \div 1\frac{3}{5} = 2\frac{7}{24}$	(16) $6\frac{2}{3} \div 3\frac{4}{6} = 1\frac{9}{11}$
(17) $4\frac{1}{8} \div 4\frac{3}{4} = \frac{33}{38}$	(18) $2\frac{5}{6} \div 7\frac{1}{4} = \frac{34}{87}$	(19) $5\frac{5}{8} \div 7\frac{2}{3} = \frac{135}{184}$	(20) $7\frac{4}{5} \div 7\frac{2}{3} = 1\frac{2}{115}$
(21) $2\frac{1}{4} \div 5\frac{3}{5} = \frac{45}{112}$	(22) $8\frac{4}{6} \div 6\frac{2}{8} = 1\frac{29}{75}$	(23) $1\frac{2}{3} \div 8\frac{4}{8} = \frac{10}{51}$	(24) $4\frac{1}{6} \div 6\frac{1}{4} = \frac{2}{3}$
(25) $1\frac{1}{5} \div 8\frac{2}{3} = \frac{9}{65}$	(26) $7\frac{3}{4} \div 8\frac{1}{6} = \frac{93}{98}$	(27) $9\frac{2}{8} \div 6\frac{3}{5} = 1\frac{53}{132}$	(28) $9\frac{2}{3} \div 7\frac{2}{4} = 1\frac{13}{45}$
(29) $1\frac{3}{5} \div 9\frac{1}{8} = \frac{64}{365}$	(30) $1\frac{4}{6} \div 3\frac{6}{8} = \frac{4}{9}$	(31) $7\frac{3}{4} \div 8\frac{2}{5} = \frac{155}{168}$	(32) $2\frac{2}{3} \div 4\frac{5}{6} = \frac{16}{29}$
(33) $7\frac{7}{8} \div 6\frac{3}{4} = 1\frac{1}{6}$	(34) $6\frac{2}{3} \div 2\frac{2}{6} = 2\frac{6}{7}$	(35) $5\frac{5}{8} \div 2\frac{1}{3} = 2\frac{23}{56}$	(36) $4\frac{2}{5} \div 9\frac{2}{6} = \frac{33}{70}$
(37) $3\frac{2}{4} \div 9\frac{4}{8} = \frac{7}{19}$	(38) $1\frac{1}{4} \div 8\frac{2}{3} = \frac{15}{104}$	(39) $1\frac{1}{5} \div 4\frac{5}{6} = \frac{36}{145}$	(40) $1\frac{1}{5} \div 7\frac{2}{4} = \frac{4}{25}$
(41) $8\frac{5}{6} \div 4\frac{2}{8} = 2\frac{4}{51}$	(42) $8\frac{1}{3} \div 6\frac{4}{5} = 1\frac{23}{102}$	(43) $1\frac{4}{6} \div 3\frac{2}{3} = \frac{5}{11}$	(44) $6\frac{1}{4} \div 5\frac{6}{8} = 1\frac{2}{23}$
(45) $6\frac{4}{5} \div 4\frac{1}{4} = 1\frac{3}{5}$	(46) $8\frac{4}{6} \div 2\frac{2}{3} = 3\frac{1}{4}$	(47) $6\frac{7}{8} \div 2\frac{1}{3} = 2\frac{53}{56}$	(48) $1\frac{1}{4} \div 1\frac{5}{6} = \frac{15}{22}$
(49) $1\frac{2}{5} \div 9\frac{1}{8} = \frac{56}{365}$	(50) $9\frac{4}{8} \div 9\frac{2}{3} = \frac{57}{58}$	(51) $9\frac{2}{4} \div 5\frac{5}{6} = 1\frac{22}{35}$	(52) $3\frac{1}{5} \div 2\frac{3}{6} = 1\frac{7}{25}$
(53) $1\frac{1}{3} \div 3\frac{5}{8} = \frac{32}{87}$	(54) $7\frac{4}{5} \div 9\frac{3}{4} = \frac{4}{5}$	(55) $7\frac{2}{3} \div 2\frac{3}{5} = 2\frac{37}{39}$	(56) $7\frac{5}{6} \div 8\frac{1}{4} = \frac{94}{99}$
(57) $1\frac{6}{8} \div 8\frac{3}{5} = \frac{35}{172}$	(58) $2\frac{5}{6} \div 3\frac{2}{4} = \frac{17}{21}$	(59) $9\frac{2}{8} \div 2\frac{1}{3} = 3\frac{27}{28}$	(60) $7\frac{2}{3} \div 8\frac{3}{6} = \frac{46}{51}$
(61) $2\frac{2}{8} \div 4\frac{3}{4} = \frac{9}{19}$	(62) $7\frac{1}{5} \div 5\frac{1}{5} = 1\frac{5}{13}$	(63) $2\frac{2}{6} \div 7\frac{3}{4} = \frac{28}{93}$	(64) $4\frac{7}{8} \div 9\frac{1}{3} = \frac{117}{224}$
(65) $6\frac{5}{6} \div 4\frac{4}{8} = 1\frac{14}{27}$	(66) $4\frac{2}{5} \div 4\frac{3}{4} = \frac{88}{95}$	(67) $5\frac{2}{3} \div 7\frac{3}{5} = \frac{85}{114}$	(68) $7\frac{2}{3} \div 4\frac{6}{8} = 1\frac{35}{57}$

EE Simplifie les fractions suivantes.

(1) $\frac{24}{60} = \frac{2}{5}$	(2) $\frac{2}{26} = \frac{1}{13}$	(3) $\frac{10}{30} = \frac{1}{3}$	(4) $\frac{56}{63} = \frac{8}{9}$	(5) $\frac{4}{16} = \frac{1}{4}$	(6) $\frac{6}{28} = \frac{3}{14}$
(7) $\frac{48}{56} = \frac{6}{7}$	(8) $\frac{36}{108} = \frac{1}{3}$	(9) $\frac{7}{14} = \frac{1}{2}$	(10) $\frac{24}{40} = \frac{3}{5}$	(11) $\frac{49}{77} = \frac{7}{11}$	(12) $\frac{10}{80} = \frac{1}{8}$
(13) $\frac{10}{85} = \frac{2}{17}$	(14) $\frac{4}{6} = \frac{2}{3}$	(15) $\frac{16}{40} = \frac{2}{5}$	(16) $\frac{10}{38} = \frac{5}{19}$	(17) $\frac{30}{40} = \frac{3}{4}$	(18) $\frac{70}{84} = \frac{5}{6}$
(19) $\frac{108}{120} = \frac{9}{10}$	(20) $\frac{9}{57} = \frac{3}{19}$	(21) $\frac{12}{68} = \frac{3}{17}$	(22) $\frac{18}{26} = \frac{9}{13}$	(23) $\frac{3}{6} = \frac{1}{2}$	(24) $\frac{6}{60} = \frac{1}{10}$
(25) $\frac{66}{96} = \frac{11}{16}$	(26) $\frac{28}{49} = \frac{4}{7}$	(27) $\frac{21}{45} = \frac{7}{15}$	(28) $\frac{8}{12} = \frac{2}{3}$	(29) $\frac{117}{126} = \frac{13}{14}$	(30) $\frac{12}{36} = \frac{1}{3}$
(31) $\frac{6}{8} = \frac{3}{4}$	(32) $\frac{32}{36} = \frac{8}{9}$	(33) $\frac{72}{88} = \frac{9}{11}$	(34) $\frac{3}{15} = \frac{1}{5}$	(35) $\frac{14}{56} = \frac{1}{4}$	(36) $\frac{84}{126} = \frac{2}{3}$
(37) $\frac{30}{60} = \frac{1}{2}$	(38) $\frac{4}{32} = \frac{1}{8}$	(39) $\frac{9}{108} = \frac{1}{12}$	(40) $\frac{27}{36} = \frac{3}{4}$	(41) $\frac{10}{25} = \frac{2}{5}$	(42) $\frac{28}{63} = \frac{4}{9}$
(43) $\frac{18}{84} = \frac{3}{14}$	(44) $\frac{60}{102} = \frac{10}{17}$	(45) $\frac{18}{66} = \frac{3}{11}$	(46) $\frac{18}{27} = \frac{2}{3}$	(47) $\frac{18}{42} = \frac{3}{7}$	(48) $\frac{27}{54} = \frac{1}{2}$
(49) $\frac{48}{160} = \frac{3}{10}$	(50) $\frac{9}{54} = \frac{1}{6}$	(51) $\frac{12}{32} = \frac{3}{8}$	(52) $\frac{9}{18} = \frac{1}{2}$	(53) $\frac{4}{20} = \frac{1}{5}$	(54) $\frac{10}{95} = \frac{2}{19}$
(55) $\frac{36}{117} = \frac{4}{13}$	(56) $\frac{12}{72} = \frac{1}{6}$	(57) $\frac{12}{21} = \frac{4}{7}$	(58) $\frac{15}{50} = \frac{3}{10}$	(59) $\frac{42}{56} = \frac{3}{4}$	(60) $\frac{119}{140} = \frac{17}{20}$
(61) $\frac{45}{135} = \frac{1}{3}$	(62) $\frac{105}{119} = \frac{15}{17}$	(63) $\frac{104}{152} = \frac{13}{19}$	(64) $\frac{48}{66} = \frac{8}{11}$	(65) $\frac{4}{8} = \frac{1}{2}$	(66) $\frac{40}{52} = \frac{10}{13}$
(67) $\frac{5}{15} = \frac{1}{3}$	(68) $\frac{48}{96} = \frac{1}{2}$	(69) $\frac{16}{72} = \frac{2}{9}$	(70) $\frac{108}{144} = \frac{3}{4}$	(71) $\frac{21}{42} = \frac{1}{2}$	(72) $\frac{21}{39} = \frac{7}{13}$
(73) $\frac{18}{54} = \frac{1}{3}$	(74) $\frac{7}{21} = \frac{1}{3}$	(75) $\frac{6}{12} = \frac{1}{2}$	(76) $\frac{6}{24} = \frac{1}{4}$	(77) $\frac{42}{77} = \frac{6}{11}$	(78) $\frac{25}{95} = \frac{5}{19}$
(79) $\frac{36}{54} = \frac{2}{3}$	(80) $\frac{24}{56} = \frac{3}{7}$	(81) $\frac{96}{104} = \frac{12}{13}$	(82) $\frac{30}{32} = \frac{15}{16}$	(83) $\frac{2}{6} = \frac{1}{3}$	(84) $\frac{16}{20} = \frac{4}{5}$
(85) $\frac{21}{56} = \frac{3}{8}$	(86) $\frac{56}{133} = \frac{8}{19}$	(87) $\frac{27}{99} = \frac{3}{11}$	(88) $\frac{15}{30} = \frac{1}{2}$	(89) $\frac{12}{90} = \frac{2}{15}$	(90) $\frac{33}{51} = \frac{11}{17}$
(91) $\frac{30}{120} = \frac{1}{4}$	(92) $\frac{40}{72} = \frac{5}{9}$	(93) $\frac{8}{16} = \frac{1}{2}$	(94) $\frac{33}{42} = \frac{11}{14}$	(95) $\frac{80}{100} = \frac{4}{5}$	(96) $\frac{8}{40} = \frac{1}{5}$

FF Simplifie les fractions suivantes.

(1) $\frac{1260}{180}$ = 7	(2) $\frac{486}{54}$ = 9	(3) $\frac{640}{128}$ = 5	(4) $\frac{448}{56}$ = 8	(5) $\frac{50}{25}$ = 2	(6) $\frac{1224}{136}$ = 9
(7) $\frac{672}{96}$ = 7	(8) $\frac{630}{126}$ = 5	(9) $\frac{72}{8}$ = 9	(10) $\frac{152}{76}$ = 2	(11) $\frac{385}{55}$ = 7	(12) $\frac{273}{91}$ = 3
(13) $\frac{288}{36}$ = 8	(14) $\frac{240}{60}$ = 4	(15) $\frac{36}{12}$ = 3	(16) $\frac{280}{70}$ = 4	(17) $\frac{128}{64}$ = 2	(18) $\frac{324}{108}$ = 3
(19) $\frac{150}{25}$ = 6	(20) $\frac{864}{144}$ = 6	(21) $\frac{416}{104}$ = 4	(22) $\frac{320}{40}$ = 8	(23) $\frac{810}{90}$ = 9	(24) $\frac{1296}{162}$ = 8
(25) $\frac{450}{90}$ = 5	(26) $\frac{297}{33}$ = 9	(27) $\frac{336}{56}$ = 6	(28) $\frac{98}{14}$ = 7	(29) $\frac{252}{36}$ = 7	(30) $\frac{216}{36}$ = 6
(31) $\frac{54}{6}$ = 9	(32) $\frac{432}{72}$ = 6	(33) $\frac{36}{4}$ = 9	(34) $\frac{931}{133}$ = 7	(35) $\frac{816}{102}$ = 8	(36) $\frac{480}{120}$ = 4
(37) $\frac{126}{42}$ = 3	(38) $\frac{144}{24}$ = 6	(39) $\frac{343}{49}$ = 7	(40) $\frac{300}{60}$ = 5	(41) $\frac{180}{36}$ = 5	(42) $\frac{1080}{120}$ = 9
(43) $\frac{256}{32}$ = 8	(44) $\frac{171}{57}$ = 3	(45) $\frac{56}{8}$ = 7	(46) $\frac{200}{40}$ = 5	(47) $\frac{540}{108}$ = 5	(48) $\frac{255}{51}$ = 5
(49) $\frac{637}{91}$ = 7	(50) $\frac{90}{45}$ = 2	(51) $\frac{480}{80}$ = 6	(52) $\frac{315}{45}$ = 7	(53) $\frac{176}{22}$ = 8	(54) $\frac{144}{48}$ = 3
(55) $\frac{972}{108}$ = 9	(56) $\frac{105}{21}$ = 5	(57) $\frac{720}{80}$ = 9	(58) $\frac{576}{72}$ = 8	(59) $\frac{30}{10}$ = 3	(60) $\frac{510}{102}$ = 5
(61) $\frac{729}{81}$ = 9	(62) $\frac{675}{75}$ = 9	(63) $\frac{165}{55}$ = 3	(64) $\frac{144}{36}$ = 4	(65) $\frac{162}{54}$ = 3	(66) $\frac{16}{8}$ = 2
(67) $\frac{280}{40}$ = 7	(68) $\frac{600}{120}$ = 5	(69) $\frac{912}{114}$ = 8	(70) $\frac{130}{65}$ = 2	(71) $\frac{686}{98}$ = 7	(72) $\frac{48}{24}$ = 2
(73) $\frac{160}{80}$ = 2	(74) $\frac{693}{99}$ = 7	(75) $\frac{1260}{140}$ = 9	(76) $\frac{147}{21}$ = 7	(77) $\frac{490}{70}$ = 7	(78) $\frac{255}{85}$ = 3
(79) $\frac{360}{72}$ = 5	(80) $\frac{288}{32}$ = 9	(81) $\frac{114}{57}$ = 2	(82) $\frac{486}{162}$ = 3	(83) $\frac{360}{45}$ = 8	(84) $\frac{455}{91}$ = 5
(85) $\frac{20}{10}$ = 2	(86) $\frac{72}{24}$ = 3	(87) $\frac{192}{24}$ = 8	(88) $\frac{720}{90}$ = 8	(89) $\frac{189}{27}$ = 7	(90) $\frac{180}{45}$ = 4
(91) $\frac{238}{119}$ = 2	(92) $\frac{456}{57}$ = 8	(93) $\frac{520}{104}$ = 5	(94) $\frac{66}{22}$ = 3	(95) $\frac{56}{28}$ = 2	(96) $\frac{240}{48}$ = 5

www.ingramcontent.com/pod-product-compliance
Lightning Source LLC
Chambersburg PA
CBHW062121220526
45471CB00010B/3833